心怀童心　迈向成长

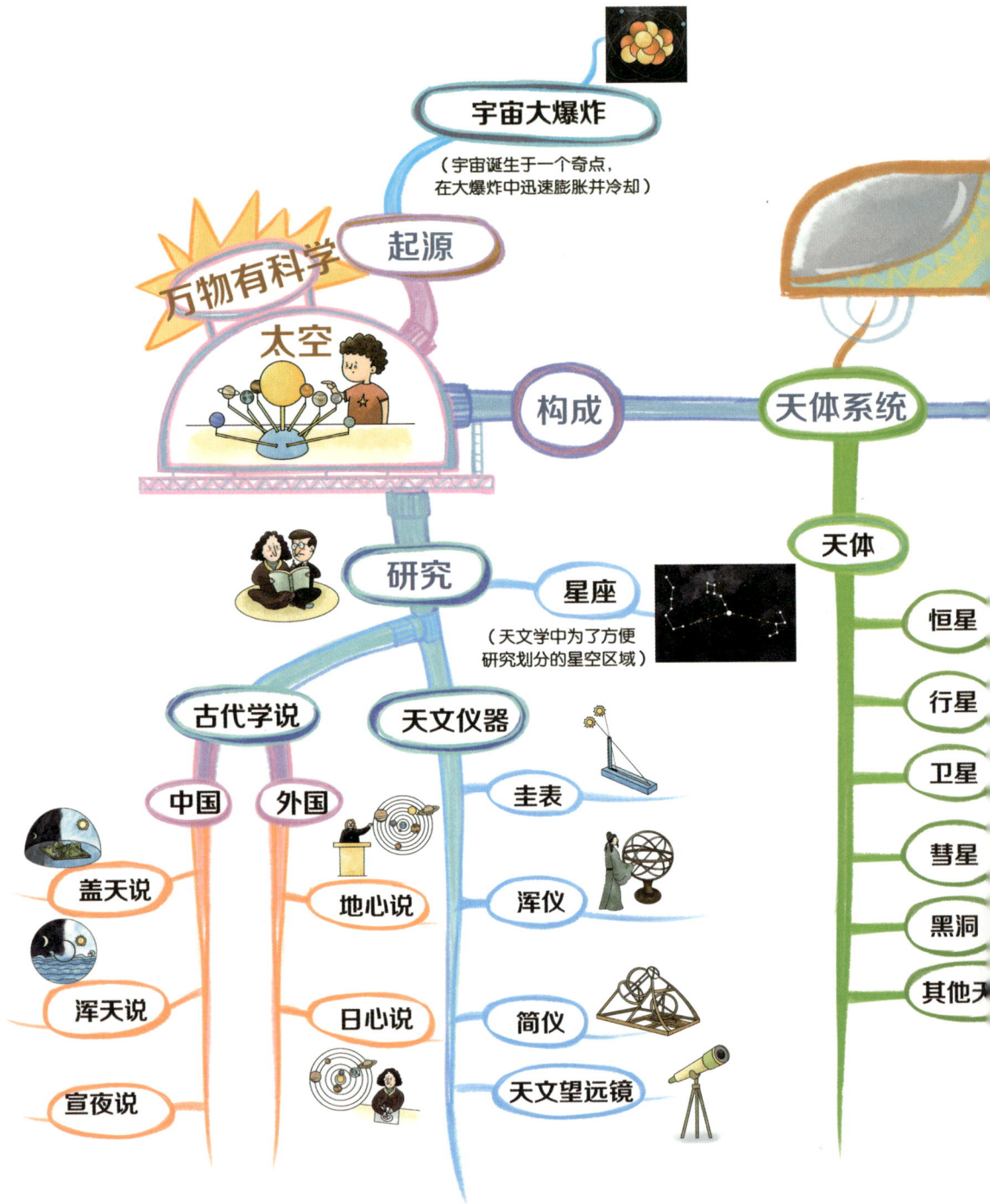

宇宙大爆炸

（宇宙诞生于一个奇点，
在大爆炸中迅速膨胀并冷却）

万物有科学

太空

起源

构成

天体系统

研究

星座

（天文学中为了方便
研究划分的星空区域）

天体

古代学说

天文仪器

中国

外国

圭表

恒星

行星

盖天说

地心说

浑仪

卫星

彗星

浑天说

日心说

简仪

黑洞

宣夜说

天文望远镜

其他天

（银河系以外，
大量恒星组成的星系）

河外星系

（太阳系以外，
以恒星为中心的星系）

其他恒星系统

总星系 ── **银河系** ── **太阳系**

（宇宙中一个棒旋星系）

（银河系中一个旋转的星盘）

太阳

八大行星

（自身能发光的天体）

（环绕恒星运行的大质量天体）

（在固定轨道围绕行星运行的天体）

（绕太阳运行的云雾状天体）

（恒星爆炸后，内核坍缩成的奇点）

（小行星、矮行星等）

水星

金星

地球

火星

木星

土星

天王星

海王星

© 杨铭森　2024

图书在版编目（CIP）数据

太空总是闲不住 / 杨铭森著 . — 沈阳 : 辽宁人民
出版社 , 2024.5
　（万物有科学）
　ISBN 978-7-205-11028-4

　Ⅰ . ①太… Ⅱ . ①杨… Ⅲ . ①宇宙－少儿读物 Ⅳ .
① P159-49

中国国家版本馆 CIP 数据核字 (2024) 第 019195 号

出版发行：辽宁人民出版社
　　　　　地址：沈阳市和平区十一纬路 25 号　邮编：110003
　　　　　http://www.lnpph.com.cn
印　　刷：河北万卷印刷有限公司
幅面尺寸：165mm×230mm
印　　张：8.25
字　　数：100 千字
出版时间：2024 年 5 月第 1 版
印刷时间：2024 年 5 月第 1 次印刷
责任编辑：高　丹　李　曼
装帧设计：马姗姗
责任校对：郑　佳
书　　号：ISBN 978-7-205-11028-4

定　　价：35.00 元

万物有科学

太空总是闲不住

杨铭森/著

Fisher Lv/绘

辽宁人民出版社

　　你的脑子里是不是藏着一堆"为什么"：太阳为什么东升西落？水为什么会从水管里流出来？站在地球另一端的人为什么不会掉下去……如果我猜对了，那么祝贺你，你有成为一名科学家的潜质。

　　为什么这么说呢？现代科学幻想之父儒勒·凡尔纳曾说过："只有探索才能知道答案。"牛顿因为好奇一个掉落的苹果发现了万有引力，莱特兄弟根据竹蜻蜓的原理发明了飞机，阿基米德在洗澡时看到澡盆中溢出的水发现了阿基米德定律……这些情景对每个人来说都不陌生，科学家们之所以能够取得伟大的成就，就是因为他们比常人更爱问"为什么"。

　　希望你永远怀有好奇之心，不要停止对科学探索的脚步。

　　你是不是觉得科学很高深，而且离我们很遥远？其实，科学离我们并不遥远，它就隐藏在触手可及的地方。我们生活的物质世界就是科学的世界，有太多的新事物和新发现等着我们去探索。

　　你一定见过晶莹剔透的雪花吧，还有冒着气泡的汽水、游乐场里呼啸翻滚的过山车、地球上的风雨雷电、天上的日月星辰……这些事物当中都蕴含着科学原理，就连我们穿的鞋子，都巧妙利用了摩擦力。可以说，科学无处不在，万事万物中皆有科学。

　　还要悄悄告诉你，科学既亲切又充满智慧，不管你是幼儿园的小朋友，还是迈进小学的大孩子，都可以跟科学做朋友。生活中遇到困难时，往往都是科学在关键时刻向我们伸出援手：在陌生的地方迷了路，科学会帮助你辨别方向；在体育课上想跑得更快、跳得更高，科学会为你奉上窍门；要出门玩耍，先看看天气预报，科学可以让你免受风吹雨淋。不仅如此，科学还能教你制作美味佳肴、使用各种电器、保护自己的身体……它能使你了解身边的一切，所以，早点儿和它成为朋友，你将会充满智慧。

《万物有科学》将藏在我们身边的科学挖掘出来，在轻松幽默的故事中和你一起探索科学的原理。该套书将向你介绍物理、化学、天文、地理和身体五大类别的科学知识，共分八册，涉及力、力的运动、机械、能量、声、光、电、磁、热、化学反应、化学元素、地理、太空和身体等多个科学范畴，内容覆盖初中物理、化学课本 80% 以上的内容，在写作过程中，还参考了小学科学课程标准，包括 800 多个知识点，将看似神秘难懂的科学常识转化为通俗易懂的情景故事。相信读过《万物有科学》以后，你会惊叹：哇，科学原来如此简单，科学竟然这么好玩！

为了让你将学到的科学知识动手实践出来，书中还精心设计了游戏实验环节，故事后面的游戏或小实验，从重力体验、自制连通器、制作美味的晶体棒棒糖和原子模型，到模拟洋流、地球公转、人体呼吸系统，应有尽有，各种各样的趣味实验不仅让你玩得过瘾，还能巩固知识，培养动手能力。

或许你对科学还不太了解，或许一提起科学，你脑海里浮现出的都是公式、实验、各种晦涩难懂的定律和原理，觉得科学既枯燥又无聊，还有那么一点儿让人害怕。这些都没有关系，《万物有科学》将带你走进包罗万象的科学世界，成为你发现世界、认识世界的桥梁。愿每一位读过《万物有科学》的小朋友从此都爱上科学，积极探索，收获生活中的智慧。

童心布马科学项目组

目　录

布马小镇主要人物登场

小鲁

热情、具有好奇心的小男孩，刚刚升入小学三年级。爱探索，充满行动力，不过时常会因为鲁莽冒失惹出麻烦。

肯博士

布马小镇有名的科学家，聪明又迷糊，最大的爱好是做实验和搞些稀奇古怪的发明。

阿布

细心、胆小、头脑灵活。喜欢看书，爱提问题，只是不擅长运动，为此有点儿苦恼。

小米

聪明、漂亮的学霸小女生，爱帮助别人。不过偶尔也会因为意见不同跟同学拌嘴。

布马1号

肯博士心爱的小机器人，自认为是肯博士的得力助手。有时会偷懒，工作太辛苦时还会发脾气。

布马2号

工作认真、任劳任怨的小机器人。头脑不太灵活，曾搞出过可怕的"洁厕灵事件"，害得肯博士晕倒在厕所里。

一个点引发的爆炸

天文概念

宇宙大爆炸

即便过了好几个月，阿布仍然清晰地记得那次震撼人心的场景。那是一个周末，阿布和小鲁受到肯博士的邀请，一起来到实验室观看模拟实验：宇宙大爆炸。

宇宙大爆炸关系到空间、时间乃至宇宙万物的产生，没有人不被它的遥远和神秘所吸引，阿布和小鲁也不例外。

> 宇宙蕴藏着很多秘密。

肯博士带领阿布和小鲁来到一个巨大的实验容器前，容器里模拟约 138 亿年前宇宙诞生之前的模样：空无一物，连空气和尘埃都没有，当然更没有光。

"宇宙难道是凭空出现的？"阿布忍不住提出了疑问，"即使发生大爆炸，也得有个什么可爆炸的东西吧？"

"当然有。"肯博士笑了笑，似乎早就猜到他会问这个问题，"这个爆炸的东西叫作'奇点'，它可不是一般的奇特，有着无限大的密度、无限高的温度和无限弯曲的时空，它是宇宙最初的形态。"

看到小鲁和阿布东张西望地寻找，肯博士笑了："别费力气了，奇点是无限小的，所以我们几乎看不到它。但我们不能否认它的存在、忽视它巨大的能量，别忘了，奇点可是宇宙的起源。"

"这太不可思议了。"小鲁和阿布都牢牢地记住了奇点这个看不见的宇宙。

"要开始了，你们可要睁大眼睛，会有很多神秘的宇宙'明星'出现哟！"肯博士还是一副轻松幽默的样子，小鲁已经迫不及待了，他目

不转睛地盯着容器，阿布则紧张得放慢了呼吸。

出现了！宇宙从一个看不到的点膨胀成了一个橙子大小的球。

"这是一个温度极高的火球，它在慢慢膨胀的同时释放出许多能量，这些能量在极高的温度中转变成了粒子，其中有可以组成物质的物质粒子和与之对立的反物质粒子。"肯博士讲解道，"在这里我分别用白球和黑球来代表它们。"

"在一片混乱中，物质粒子和反物质粒子不断相遇、碰撞，展开了一场大战。当相等数量的物质粒子和反物质粒子相撞，它们就会同时消亡，重新转化成能量，而当双方数量不等时，数量少的一方就会消亡。幸运的是，物质粒子最终取得了胜利，因为它的数量比反物质粒子多出了一

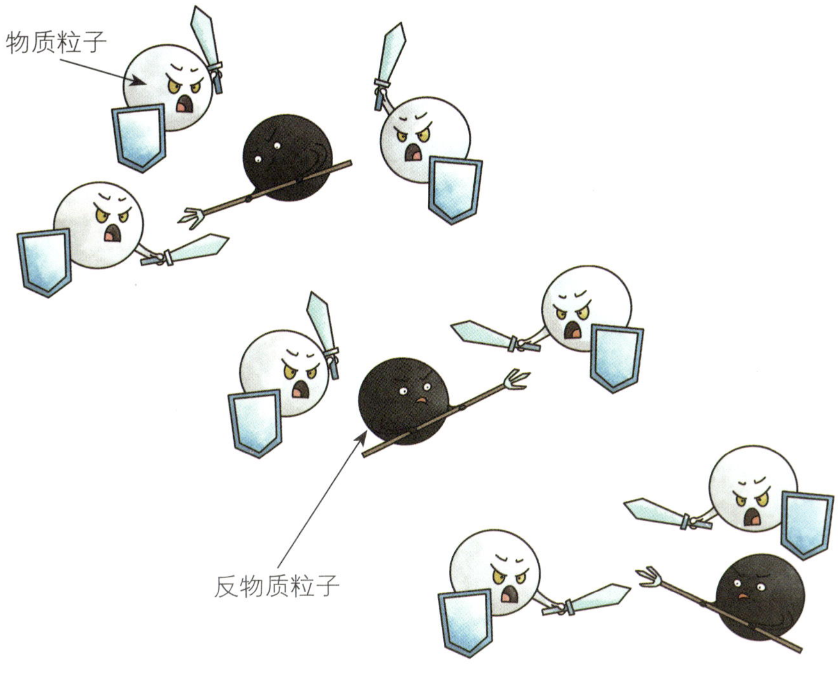

物质粒子

反物质粒子

点儿，而我们今天看到的一切物质就是由这么一点儿'微不足道'的物质粒子产生的。"

"这个时候的宇宙已经膨胀到一个足球场那么大了。"

"随后，宇宙加快了膨胀的速度，与此同时，宇宙的温度开始下降，形成了宇宙中的基本粒子，最常见的是夸克和电子。"

"什么是夸克？"小鲁和阿布第一次听说这个名字。原来，夸克是构成物质的基本单元，相互组合可以形成质子和中子。而电子则是带负电的亚原子粒子，可以是自由粒子，也可以和原子核组成原子。

夸克的种类很多，比较稳定的是上夸克和下夸克，实验中肯博士用黄球和红球分别表示上夸克和下夸克。因为电子是带有负电的粒子，肯博士用标有"一"的蓝球表示。

这时，可以最终形成物质的条件就基本具备了，但是宇宙的温度仍然很高，所以仍然无法形成原子，但是夸克以三个一组的排列方式，组成了质子和中子。当宇宙中的质子和中子足够多的时候，它们就以两个质子加两个中子的形式组合成了氦原子核，我们知道，原子核是构成原子必不可少的元素。

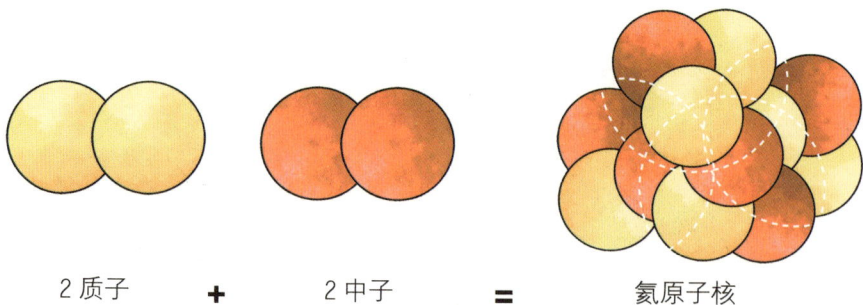

2质子　**+**　2中子　**=**　氦原子核

质子是宇宙的基本粒子，由一个下夸克和两个上夸克构成。中子也是宇宙的基本粒子，由一个上夸克和两个下夸克构成。

"看上去宇宙大爆炸并没有想象中那么激烈，反而有些温和呢。"小鲁说。他原以为宇宙大爆炸会像影片里看到的爆炸一样，威力十足、火光冲天。

"我们当然不能还原真实的宇宙大爆炸，为了方便理解，整个实验的演化速度都是放慢的。"肯博士解释道，"真实的情况是，从奇点膨胀到氦原子核产生，只用了很短的时间，这么短的时间内宇宙的温度迅速冷却，这就是宇宙最初的样子。"

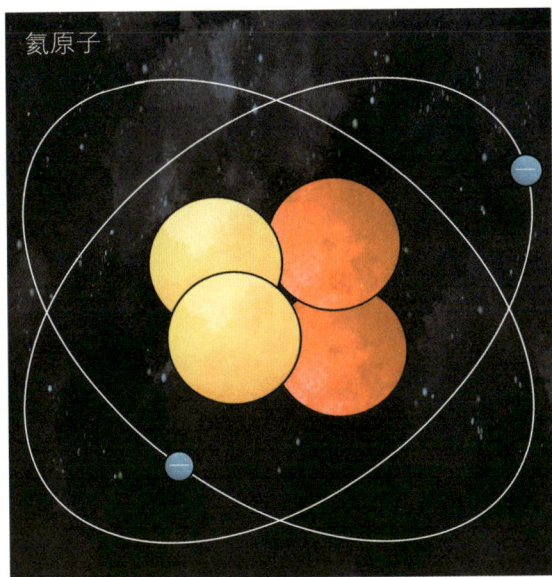

氦原子

银河系是一个椭圆形的盘状星系，它的直径约 10 万光年到 16 万光年之间，而 1 光年大约相当于 94607 亿千米，一个银河系的面积还只是宇宙在爆炸后短时间里形成的，现在的宇宙直径已经至少在 930 亿光年以上了。

在宇宙爆炸的同时，产生了时间和空间，宇宙在时间的流逝中冷却，经历了最初的 3 分钟，时间的齿轮不停转动，宇宙也继续膨胀着。

大约 30 万年后，宇宙的温度降低到约 3000 摄氏度，为原子的形成提供了可能。这时候肯博士的实验容器中出现了新的组合：电子开始围绕在原子核的周围进行旋转运动，原子终于诞生了！

开即开尔文，是一种温度单位，用符号 K 表示，0 开约等于 −273 摄氏度。原子由原子核和围绕原子核运动的电子组成，不同元素的原子所包含的原子核和电子的数量也不同。此外，电子和质子组成的是氢原子。

"实验到这里就结束了，可宇宙的故事才刚刚开始。"肯博士总结道，"原子形成时，光线只能近距离传播，整个宇宙就像笼罩着一团迷雾。又经历了约 2 亿年，宇宙中形成了恒星等天体，并出现了第一道星光。恒星在一系列作用

我长大，也要去宇宙中探险！

下形成了星系，这时距离宇宙大爆炸已经将近 10 亿年了。至此，宇宙才变成我们现在所看到的模样，并且还在一直变化着。"

对阿布和小鲁来说，这不仅是一节难忘的实验课，也是他们探索天文学奥秘的开始。

小实验

质子和中子

宇宙大爆炸产生了很多粒子，请你按照下面的步骤制作出简单的模型，看看质子和中子有什么区别吧。

自己动手
印象更深刻哦！

中子　　　质子

安全提示：此实验需有家长陪同进行，彩泥请勿接触眼、耳、口、鼻

1

实验准备：红色彩泥，黄色彩泥，卡纸，水彩笔

实验过程：

1. 用黄色彩泥揉成 3 个小球，代表上夸克；

2. 用红色彩泥揉成 3 个小球，代表下夸克；

3. 2 个黄色小球和 1 个红色小球组合在一起，制成质子模型；

4. 2 个红色小球和 1 个黄色小球组合在一起，制成中子模型；

5. 用卡纸制成标签，分别写上"质子"和"中子"，放在对应的模型下面。

实验原理：质子是宇宙的基本粒子，由一个下夸克和两个上夸克构成。中子也是宇宙的基本粒子，由一个上夸克和两个下夸克构成。

肯博士说

- 宇宙在 138 亿年前诞生于一个奇点，在 3 分钟的大爆炸中，迅速膨胀并冷却。随着温度的降低产生了粒子，并在 30 万年后形成了原子。此后才有了恒星、行星等天体和千亿个星系。

- 三个夸克构成质子或中子，两个中子和两个质子构成原子核，原子核和电子构成原子，其中电子围绕在原子核的周围。

- 奇点有着无限大的密度、无限高的温度和无限弯曲的时空，是宇宙最初的形态。

难忘的银河之旅

　　"日照香炉生紫烟，遥看瀑布挂前川。飞流直下三千尺，疑是银河落九天。"阿布摇头晃脑地背诵着唐诗。他在暑假游览了庐山，见到了李白诗中的庐山瀑布，遗憾的是他从没见过九天之上的银河。

　　银河真像诗里说的那样吗？

　　这里只有肯博士见过银河，他的话最有说服力："李白没有胡说，从地球上看，银河像它的名字一样，是河流一样的条带状，只是中间宽两边窄，而点点繁星就像河里的浪花。因为它总体看起来是银白色的，所以我们才把它叫作'银河'。"

阿布和小鲁听了，又吵又闹，也要去看银河。

肯博士却说："在地球上看银河有什么意思，不如我带你们到宇宙中去见识一下它的真面目吧。"

阿布和小鲁顿时来了精神，他们乘坐肯博士驾驶的宇宙飞船，一起奔向太空。

"看，那就是银河！"肯博士指着前方说，小鲁和阿布揉了揉眼睛，展现在眼前的明明是个发光的"大圆盘"，哪里有一点儿银河的影子？

见他们不相信，肯博士连忙解释道："这真的是银河，这件事都要怪它的位置，太阳就处在距离银河中心与边缘约 $\frac{1}{2}$ 的位置上，夏天的夜晚，我们仰望星空的时候，差不多就处在水平的银河系的中心，所以看到的就是一条光带。"

> 我们眼中的银河是由所在位置决定的！

实际上，银河系只是宇宙大爆炸之后形成的数千亿个星系中的一个，它是一个巨大的恒星集团，包含着数以亿计的恒星。

恒星是宇宙中能够发光发热的气体星球，太阳是离地球最近的恒星。

"这个我知道，星系是由无数恒星、尘埃等组成的恒星系统，分为椭圆星系、旋涡星系、不规则星系三种。"小鲁也喜欢天文，而且了解不少天文知识。

从正面俯瞰的银河系像一个旋转着的银盘，银盘中心凸起的部分比深夜里的夜明珠还要亮，围绕着这个凸起有一条条绚丽的弯曲的"银带"。

"你们看这银河系像什么？"肯博士问道。

"像波板棒棒糖！"小鲁说完舔了舔嘴唇，仿佛银河系也和棒棒糖一样美味。

"我看没那么简单。"阿布开口了，"波板棒棒糖的中心是一个圆点，

不规则星系

旋涡星系

椭圆星系

整体是旋涡状的，仔细看银河系，它的中心并不是一个简单的圆点，从圆点的中心还向两侧延伸出了一条'木棒'。"

"确实是这样的。"肯博士说道，"小鲁所说的更适合旋涡星系，而银河系还有一个棒状结构贯穿中心的核球，所以它属于棒旋星系。"

旋涡星系是我们最熟悉的星系，明亮多彩的旋臂和显著的核球是它们最明显的特征，旋涡星系的星系盘中富有气体和尘埃，这让它成为恒星的育儿所，旋臂上密布着年轻而炽热的蓝星。旋涡星系中有一部分中央含有棒状结构，这些星系又被进一步划分为棒旋星系。

小鲁恍然大悟："那银河系就好比一只绑着几条镶有亮钻的彩带的竹蜻蜓，两个翅膀就好比银河系的棒状结构……"

"当竹蜻蜓转起来，上面的彩带也跟着旋转起来，彩带上的亮钻就好似银河系中的恒星！"阿布接着小鲁的话，兴奋地说道。

阿布和小鲁不约而同地看向肯博士，期待得到他的肯定。

"嗯，比之前贴切了些。但银河系可比旋转的竹蜻蜓复杂多了。"肯博士摸了摸下巴，"银河系中间最亮的部分是它的核球，因为厚度大于银盘，所以从侧面看是凸起的，核球中存在着大量的气体和密集的恒星。"

肯博士用手指了指银河系中环绕着核球的弯曲的条状部分，郑重地讲解道："你们说的围绕银河系中心的一圈

棒旋星系

圈的'银带'叫作旋臂，你们可以理解成'旋转的弯曲手臂'。旋臂位于同一个盘面上，这里密布着气体、尘埃和年轻的恒星，在旋臂中还分布着一系列的星团。"

星团是起源于同一星云的恒星数目超过 10 颗以上，并且相互之间存在引力作用的星群。

"银河系的旋臂有英仙臂、人马臂、天鹅臂（又称外臂）、半人马臂、猎户臂等。太阳就位于猎户臂中。包裹着整个银河星系的球状区域是银

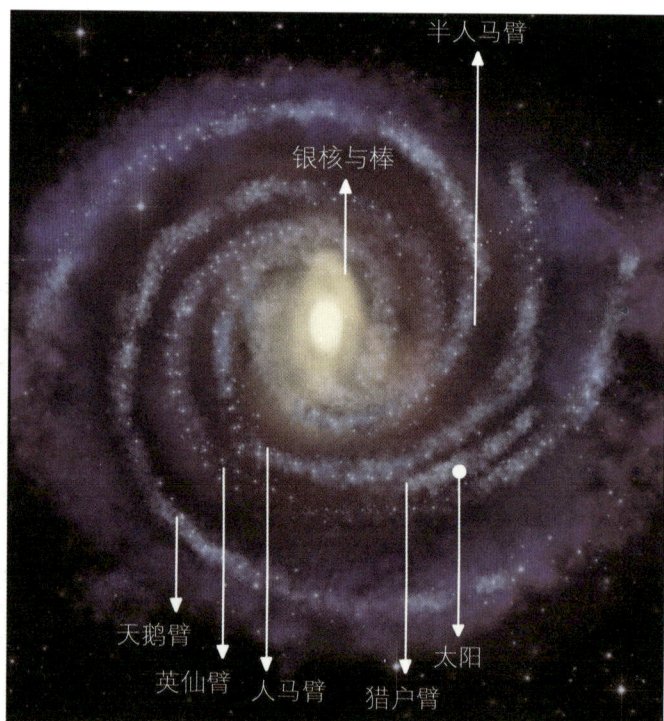

晕，它的范围可以扩展到很远的位置，直径约有 10 万秒差距。在银晕中星星点点镶嵌着一些球状星团。"

秒差距是天文学上的一种长度单位，是一种最古老的，同时也是最标准的测量恒星距离的方法。1 秒差距 = 3.26164 光年 =30.8568 万亿千米。

"银河系的总质量大约是 1.5 万亿倍太阳的质量，有意思的是，银河系除了恒星、星团、星云、气体和尘埃外，大部分质量是由暗物质组成的。至于什么是暗物质，这是一个天文学家也不知道的谜题。"

阿布和小鲁听得入了迷，原来银河系有这么多奥秘。

银河系的奥秘远不止这些，比如：银河系的中心还存在着一个巨大的黑洞；银河系有两个著名的伴星系——大麦哲伦星系和小麦哲伦星系；银河系周围还有一群小星系，这些"小跟班"的命运很有可能是被银河系撕裂、吞噬，最后完全融入银河系中……已知、未知的，都等着我们去探索发现。

银河系真的好神奇噢！

涨知识

沙漠上空的银河

下面是一幅真实的摄影图片，它来自地球上的观测星空环境，你能说出这是哪里吗？

智利阿塔卡马沙漠上空的银河

肯博士说

- 银河系是宇宙中一个棒旋星系，包含了大量的恒星、星云、星团、尘埃和气体。

- 银河系从地球上看是中间凸起的带状，从正面看是一个旋转的盘状，旋臂围绕着中间的核球旋转。

- 银河系的总质量大约是1.5万亿倍太阳的质量，银河系的大部分质量是由暗物质组成的。

太阳和它的行星家族

这周学校在举办一个以"家庭"为主题的展览，每个人都要带一张全家福合影过来。

肯博士也想凑凑热闹，他叫来小鲁和阿布帮自己挑选照片。结果，两人发现，这些照片上全都是不同的星球。

"肯博士，你搞错了，这次展览需要的是全家福照片。"小鲁提醒他说。

肯博士回答："我没搞错，这些照片上的可是一个特殊的'家族'。"

这不就是太阳系家族吗？

阿布听了，拿起照片仔细看了看，惊奇地发现，照片上有太阳、水星、金星、地球、火星……

见阿布发现了照片上的秘密，肯博士很开心地说："对，这就是太阳系家族。大约 50 亿年前，一片巨大的星云因为引力而开始坍缩、聚集，最后星云中心形成了太阳，其余部分则形成了一个圆形的星盘，这个旋转的星盘后来形成了行星、卫星、彗星、小行星等天体，它们与太阳一起构成了太阳系。太阳系的成员可多了，包括 1 颗恒星、8 颗行星、近 200 颗卫星、5 颗矮行星以及彗星、小行星等数以亿计的其他天体。"

这下，小鲁也明白了，"这么说起来，太阳系还真像一个庞大的家族啊。"

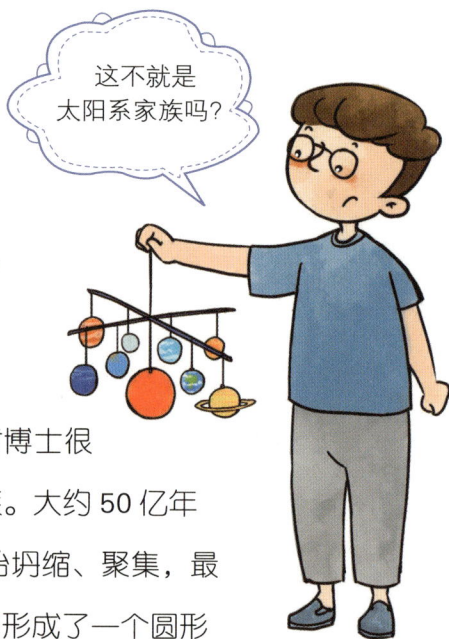

海王星　火星　地球　水星　土星　金星　木星　天王星

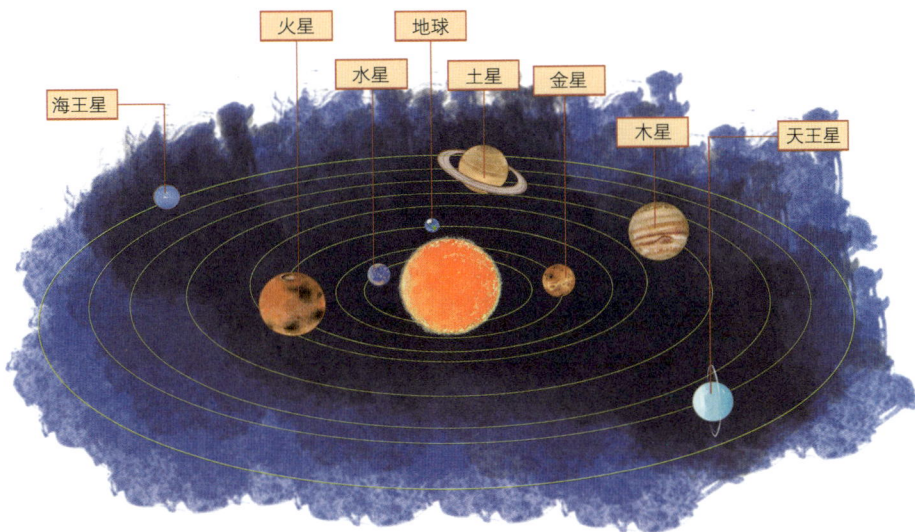

太阳系中唯一的恒星就是太阳，太阳系的八大行星分别是水星、金星、地球、火星、木星、土星、天王星、海王星。

肯博士点点头，继续说道："八大行星都是接近球状的天体，而且都受太阳的引力作用，自西向东绕太阳运行，但正如'龙生九子，各有不同'，八大行星也各有各的特点。"

肯博士拿着照片排列起来，第一张照片是太阳，第二张是一颗灰色的行星，阿布一眼就认出来了，它就是太阳系中最小的行星——水星。

嗨，大家好！我是水星。

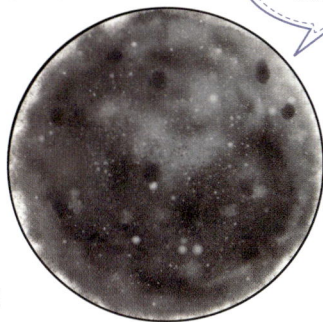

肯博士指着水星说道："别看水星体积小，它可占据着太阳系八大行星中的几个第一——距离太阳最近、体积最小、围绕太阳的运行速度最快、昼

夜温差最大，还有一年的周期最短，只有 88 天。"

水星昼夜温差最大的原因是：水星离太阳最近，受太阳温度的影响最大，所以白天的温度特别高，但是由于水星表面没有大气层，无法保存白天太阳照射的热量，到了晚上温度便迅速降低了。

接下来就是金星了，按照距离太阳由近到远的顺序它排在第二位。

我是金星。你们看到的"启明星"就是我哟。

小鲁看着金星，显得有点儿失望："这就是金星？我还以为它会更耀眼一些呢。"

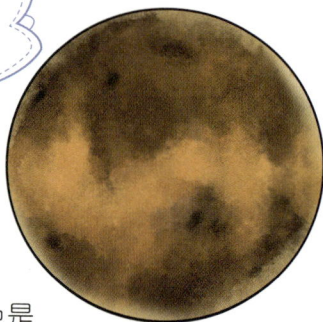

肯博士向他解释："在照片上看，它的颜色是土黄色的，的确不是很显眼。不过，金星可是天空中最亮的一颗星，在黎明或傍晚的时候，我们经常看到的启明星或长庚星就是金星。"

小鲁和阿布恍然大悟，原来他们早就看到过金星，却不认识它。

金星是离地球最近的行星，大小也与地球差不多，所以人们称它为地球的"姐妹星"。不过，金星并不像地球一样适合人类生存，不只因为它的表面都是火山、峭壁等，还因为它被厚厚的硫酸云团和二氧化碳所包围，而且它的温度远高于地球。这么恶劣的环境，地球上的生物可是无法在那里居住的。

"看来还是我们的地球最棒，可以孕育生命。"小鲁拿起地球的照片亲切地看了看，把它放在了金星的旁边。

我是人类的家园——地球。

　　阿布也不甘示弱，拿起了火星的照片排在了地球的后面。肯博士见了，赞许地点了点头，距离太阳第四远的行星是火星，它长着像着火一样的红色"面庞"。火星比地球小很多，它的直径只是地球直径的一半。

我是地球的"老邻居"火星。

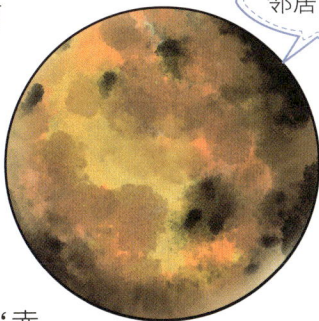

　　"火星不但是地球的邻居，而且与地球有着许多相似之处。"肯博士说道，"火星每天的时长是 25 小时，和地球的 24 小时相近；火星还有着与地球类似的'季节'变换；火星的两极也和地球的南北极相似，分别被冰和干冰覆盖；此外，火星上有富含铁的矿物'赤铁矿'，而这种矿物形成于湖泊或泉水中，说明火星上可能也存在着水。但是火星的空气异常稀薄，人类无法呼吸，因此也不适合人类生存。"

　　冰是水的固态物，融化后变成水；干冰是二氧化碳的固态物，容易升华成二氧化碳。

　　"那最大的这颗是什么行星呢？"小鲁指着一颗有着许多环状条纹的球体照片问道。

　　肯博士笑了起来："太巧了，它就是距离太阳第五远的行星——木星。

木星是八大行星中体积最大的一个，体积相当于 1300 个地球。"

嘿！我是大块头木星。

别看木星块头大，其实它主要是由气体构成的。阿布一看到木星，马上就喜欢上了它，因为它的表面有白色和红棕色的云带围绕，还有大型风暴形成的红斑，十分有趣。

"我在书里看到过，木星的两极还会出现强烈的极光呢。"阿布向小鲁说道。

"距离太阳第六远的土星你们一定更喜欢！"肯博士说着，拿过了土星的照片，"你们看，它还带着一圈美丽的光环呢。"

我是美丽的土星！

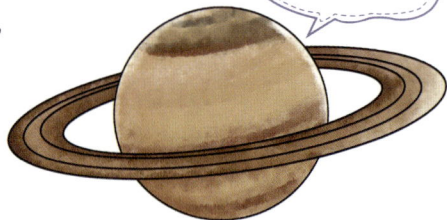

土星是一颗黄色的球体，它是仅次于木星的第二大行星。土星的光环由冰块构成，又大又亮，一共有 7 个，看上去就像给土星穿上了"小裙子"。

土星是距离太阳第六远的行星，它的密度是八大行星中最小的，小到可以在水上漂浮，这是其他行星都做不到的。

肯博士掰着手指数了数，太阳系八大行星还剩下两颗。

距离太阳倒数第二远的是天王星，它是太阳系中体积第三大的行星，体积相当于 60 多个地球，也是温度最低的一颗，温度最低可达到 −225℃。

天王星具有 13 个光环，但是特别细、特别
暗，不像木星的光环那样明显。

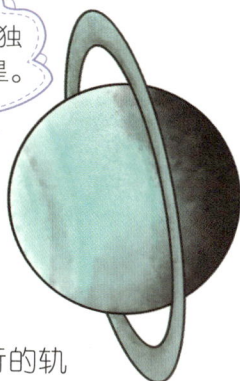

"天王星的奇特之处我们很容易看到，"肯博士
说，"跟其他正常姿势绕太阳运行的行星不同，天王星是
以'斜躺着'的姿势运行的。"

的确，阿布和小鲁看到天王星的赤道与围绕太阳运行的轨
道几乎是垂直的。

"最后一个行星就是海王星了，八大行星中距离太阳最远的行星。"
大家的目光一齐聚焦在这颗有些神秘的蓝色球体上。

海王星主要由气体和水构成，跟天王星一样非常寒
冷，它的大小也和天王星差不多，相当于 57 个地球。
海王星是八大行星中有光环的四个行星（木星、
土星、天王星、海王星）之一，共有 5 条光环，
但同样因为太细、太昏暗而不容易被看到。

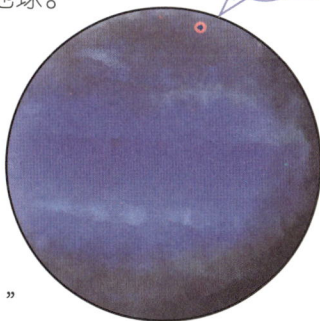

肯博士看着摆放好的照片，问小鲁和阿布：
"你们觉得，太阳系家族有没有资格参加展览？"

"那是当然了！"小鲁和阿布举双手赞同。于是，三人拿上照片，准
备去向大家好好讲一讲这个来自宇宙的奇特家族。

太阳系八大行星真实比例

思考

了解了太阳系的八大行星，也知道了它们各自的特点，那么，你能说说八大行星都有哪些共同点吗？

小实验

动手制作太阳系

你能根据八大行星与太阳的位置制作一个太阳系模型吗？按照下面的步骤试一试吧。

安全提示： 此实验需有家长陪同进行，剪切铁丝时请注意安全

实验准备： 泡沫球，彩泥，粗铁丝

实验过程：

1. 用彩泥分别捏出太阳和八大行星；

2. 泡沫球切成两半，取一半做底座；

哈哈，这就是我的太阳系！

3.铁丝分成9段，其中1段插在太阳上；

4.另外8段弯成"L"形，分别插在八大行星上；

5.将太阳和八大行星按顺序分别固定在底座上，模型就完成了。

实验原理： 太阳位于太阳系的中心，八大行星均围绕太阳运行。

肯博士说

- 太阳系是银河系中一个旋转的星盘，包括1颗恒星、8颗行星、近200颗卫星、5颗矮行星以及彗星、小行星等数以亿计的其他天体。

- 太阳系中的太阳是处于中心的最大的天体，八大行星是水星、金星、地球、火星、木星、土星、天王星、海王星，它们都围绕太阳运行。

- 太阳系八大行星按照体积大小排序是：木星、土星、天王星、海王星、地球、金星、火星、水星；按照到太阳的距离由近到远排序是：水星、金星、地球、火星、木星、土星、天王星、海王星。

- 我们生活在太阳系中，这是一个以太阳为中心，拥有大大小小成千上万个天体的庞大系统。如果把地球微缩到一个乒乓球的大小，那么太阳系大概会比一个足球场还要大。

天空中的灿烂火球

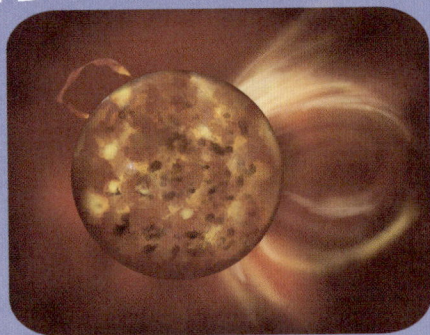

　　小鲁和阿布想乘着时空穿梭机回到春天去踢足球，因为夏天实在太热了，谁都不愿顶着太阳这个大火球出门。但肯博士并没有把时空穿梭机借给他们。

　　"这个理由可不足以让我的时空穿梭机出马。"肯博士眯着眼看了一眼窗外红彤彤的"火球"，说道，"现在外面的温度不过三十几摄氏度，和太阳表面的温度相比差远了。"

　　"太阳表面温度有多高？"小鲁和阿布好奇地追问。

別碰我，我很烫！

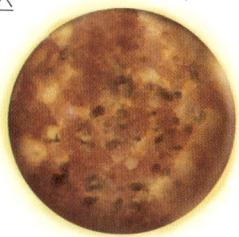

　　肯博士告诉他们："太阳表面的温度可是高达5777开尔文左右呢。"

　　"近六千开尔文？"小鲁啧啧惊叹，"如果我们到太阳上去岂不是要融化了？不对，恐怕到不了太阳上我们就被烧成灰烬了。"

　　为什么太阳的温度这么高呢？这就要从太阳的结构说起了。太阳是一颗由气体组成的恒星，它的主要成分是氢和氦，以及微量的其他元素。从结构上来说，太阳像一颗有着圆圆的果核、厚厚的果肉、薄薄的果皮的龙眼一样，从内到外可以被分成许多圈层。

　　肯博士拿出了一个太阳的模型，它竟然可以一层一层剥开，肯博士从模型最里面开始讲了起来。

　　太阳的最内部是核心，这里是它所有能量的源头，这里的温度高达15000000开尔文，氢在核心的高温和高压下聚变成氦，并释放出巨大的能量。

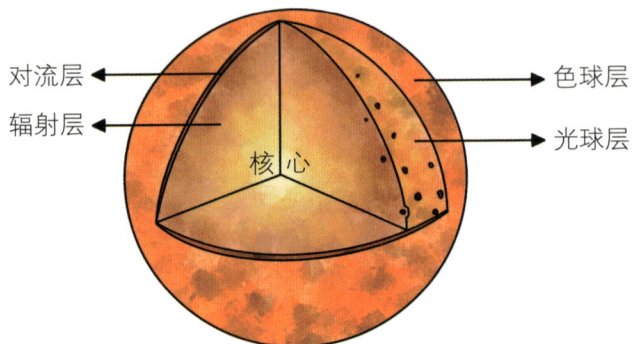

紧贴着太阳核心的是辐射区。核心产生的能量先通过辐射区然后到达对流层，能量以湍流的形式从内向外传播。对流层的上面就是光球层，也就是我们平时看到的太阳的表面，虽然太阳是离我们最近的恒星，相距 1.5 亿千米，但是光从光球层到达地球也要用 8 分 20 秒的时间。

太阳占据了太阳系总质量的 99.86%。太阳的体积是地球的 100 多万倍，跟太阳比起来，地球就是个小不点。

太阳平面结构示意图

光球层的上面还有色球层。色球层由厚度约 2000 千米的气体组成，它的温度比光球层更高，最高可达上万开尔文。太阳的最外层是日冕层，即太阳的边缘，它的成分是比色球层更稀薄的气体，可以延伸到距离太阳表面非常远的地方。日冕层的温度比色球层还要高，可达到上百万开尔文。色球和日冕都是平常用肉眼无法看到的，只有在日食的时候才能看到。

> 当月球运行到太阳和地球中间时，会挡住太阳射向地球的光，月球所形成的黑影落到地球上，就发生了日食现象。

阿布突然指着太阳模型笑了起来："你们看，太阳竟然长了雀斑，哈哈哈！太好笑了。"

肯博士眯着眼睛看了又看，才发现他指的是光球层上的太阳黑子。

"这可不是什么雀斑，这些比较暗的是太阳黑子，它们形成于光球

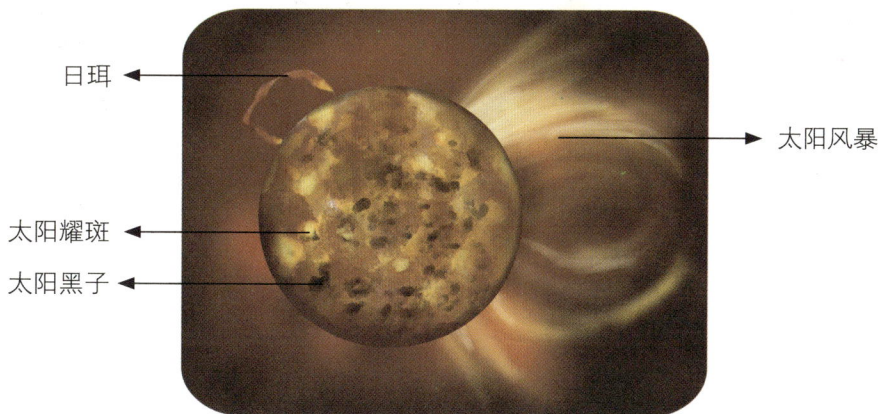

日珥

太阳耀斑

太阳黑子

太阳风暴

层温度较低的区域。"肯博士边说边指了指太阳黑子附近的小白点，"与之相反，光球层中比较亮的这些是光斑，形成于温度较高的区域。"

除光球层外，在色球层和日冕层也会发生太阳活动。色球层上发生的活动主要有日珥和太阳耀斑，日冕层则是太阳风暴的源头。日珥是色球层喷射出的鲜红的火舌状物体。太阳耀斑是太阳大气局部区域的剧烈的爆炸，会释放巨大能量和各种电磁辐射。太阳风暴是日冕层喷发的充满热量和能量的粒子流。

"原来太阳不仅蕴含着巨大的能量，还这么活跃。"小鲁说道。

"太阳的能量会不会有一天用完呢？"阿布问道，不禁皱起了眉头。

"每一颗恒星都会经历从诞生到衰亡的过程，太阳也不能幸免，等到太阳核心不再发生核聚变，太阳会向内坍缩，最终变成一颗白矮星。"肯博士回答道。

白矮星是演化到末期的恒星，颜色呈白色，体积比较小。

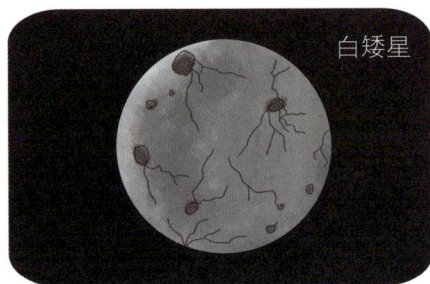

太阳

白矮星

"怎么会这样！"小鲁伤心地说，"没有太阳发出的光和热，地球怎么生存呢？人类又怎么生存呢？"

"不用担心。"肯博士说道，"太阳的寿命有 100 亿年，到现在燃烧了近 50 亿年，也就是说，以后 50 亿年的时间内太阳还会照常升起。在这个漫长的时间里，人类一定能找到在宇宙中继续生存下去的方法！"

听完肯博士的话，阿布和小鲁都不再灰心了。是啊，古今中外那么多科学家孜孜不倦地探索宇宙的奥秘，他们能做到的，我们一定也可以，而且会做得更好。有朝一日，说不定人类能够找到办法延长太阳的寿命，让它继续发光发热、陪伴着我们的地球。

有了太阳，万物才能生长。

思考

我们每天都沐浴着阳光，太阳光中蕴藏着巨大的能量，太阳能是现今世界上可以开发的取之不尽的能源。想一想，我们的生产、生活中都有哪些利用太阳能的发明创造呢？

小实验

捕捉阳光

太阳为地球带来光和热，不过你知道吗？黑色可以捕捉住温暖的阳光，利用下面的小实验来试一试吧。

安全提示： 此实验需有家长陪同进行，使用温度计时轻拿轻放，如果不慎摔碎请家长立即妥善处理

实验准备： 同样大小的杯子2个，黑纸1张，白纸1张，温度计，清水，剪刀，胶带

两个杯子里的水温度不同。

35℃   39℃

实验过程：

1.两个杯子里放入相同量的清水；

2.两个杯子分别包上黑纸和白纸，并用黑纸和白纸做成盖子，盖在杯子上；

3.在阳光最充足的时候将两个杯子放在阳光下照射；

4.3~4个小时后，测量两个杯子里的水温，你会发现包了黑纸的杯子里面水温更高。

实验原理：不同颜色对光线的反射率是不一样的。白色对光线的反射率更高，白色把大部分光线反射出去了，从光波中吸收的能量就少；黑色几乎不反射光线，从光波中吸收的能量就多。吸收的能量转化为内能，如果内能没有输出，就表现为温度的升高。

肯博士说

- 太阳是太阳系中一颗由气体组成的恒星，它的主要成分是氢和氦，以及微量的其他元素。
- 从结构上看，太阳从内到外由核心区、辐射区、对流层、光球层、色球层、日冕层组成。
- 太阳会产生许多太阳活动，光球层会发生太阳黑子，色球层会发生太阳耀斑和日珥，日冕层会发生太阳风暴。
- 太阳最终会演化成为一颗白矮星。

了不起的生命家园

小鲁这几天总是疑神疑鬼的，他怀疑自己遇到了外星人。

"我亲眼看到的，每天晚上都有一个全身闪着荧光的外星人从我家的窗前一闪而过，那样子可吓人了。"小鲁神秘兮兮地把这件事说给阿布听。

阿布不信，他认为地球是唯一适宜生命存在的行星。于是，两个人因为这件事争吵了起来。肯博士正巧路过，站在旁边听了一会儿，不好意思地打断了他们："别吵了，你们说的那个外星人，好像是我。"

"什么？"小鲁和阿布差点儿惊掉下巴。

原来，肯博士最近经常在晚上外出跑步，不过他怕冷，所以就穿了一件荧光黄色的外套，没想到小鲁会把他错当成了外星人。

"你看，我就说嘛，地球所具备的生命产生的条件是其他星球所没有或者不完善的，地球是宇宙中独一无二的。"阿布骄傲地对小鲁说。

> 地球是目前已知宇宙中唯一有生命的星球。

独一无二的地球

肯博士点点头，说道："地球确实是太阳系的宠儿，你们看，地球的 $\frac{2}{3}$ 被水覆盖，从江河湖海到地下水，再到高山上的冰川。生命的起源与发展都离不开液态水。不仅如此，地球刚好满足了液态水存在的温度条件。这要归功于地球在太阳系得天独厚的位置——与太阳相距 1.5 亿千米的距离，如果太近，水就会蒸发，如果太远，水就会结冰，都不是生命产生的最佳条件。"

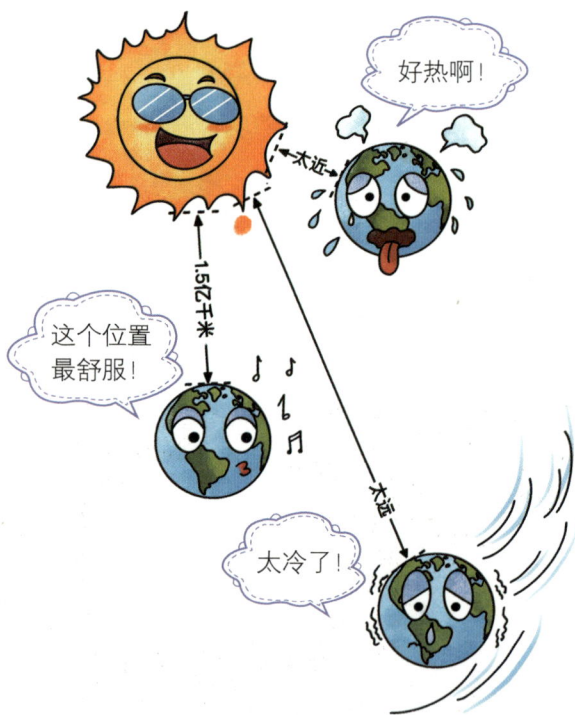

肯博士说得一点儿也不夸张，地球还拥有其他行星没有的优势，那就是拥有充足的氧气。氧气是地球上绝大部分生物赖以生存的必需条件，无论我们学习、游戏，还是运动、睡觉，每时每刻都在呼吸着氧气。

　　大气层氧气的出现源于两种作用，一个是非生物参与的水的光解，一个是生物参与的光合作用。

　　不过，只有这些条件还是不够，地球上的生命要想存活繁衍下去并不容易。太阳虽然为地球提供了光和热，但它也是地球生命的威胁者，强烈的紫外线辐射会对地球上的生命造成严重的伤害。同时，太阳活动也会干扰地球的空间状态。幸好，地球有很强的自我保护能力，大气层中的臭氧层有效地阻挡了部分紫外线，成为地面生物的保护伞。而地球所具有的强大磁场则保护地球免遭太阳活动爆发的侵害。

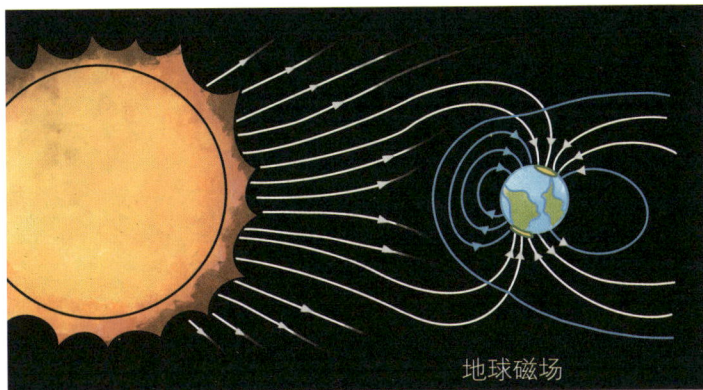

地球磁场

　　紫外线辐射是来自太阳的光辐射，紫外线具有杀菌的作用，但也会对皮肤和眼睛造成伤害。臭氧层是大气层的平流层中臭氧浓度相对较高的部分，其主要作用是吸收短波紫外线，保护地球上的人类和动植物免遭紫外线的伤害。

　　"你看，我们能生活在地球上真是一件幸运的事呢。"阿布自豪地对小鲁说。

　　小鲁还是有些不服气："地球上这么适宜生存，那些史前生物为什么会灭绝呢？"

　　这个问题问得好，肯博士来了兴趣，滔滔不绝地讲了起来："地球虽然是非常宜居的星球，但它同样也会遇到很多意想不到的灾害。就拿恐龙的灭绝来说吧，中生代时期它们可是称霸世界的生物，谁能想到突然之间它们就消失得无影无踪了。关于恐龙灭绝的原因，科学家们也曾给出过很多种说法，其中最令人信服的就是小行星冲撞地球，引起了火山喷发，所以导致了包括恐龙在内的大部分古生物的灭绝。"

　　这么可怕，小鲁和阿布情不自禁地打了个冷战。看着他们的表情，肯博士又笑了，安慰他们道："地球处于宇宙中，难免会受到这类威胁，除了小行星，太空中脱离原有运行轨道的其他天体或碎块也会散落到地球上，地球上发现的巨大的陨石坑就是它们在撞击地球时形成的。但是不用担心，由于受到大

小行星

恐龙灭绝猜想

气层的阻挡，当陨石降落到地面时，已经远没有当初的威力了。"

陨石坑又称撞击坑，是行星等天体表面因被陨石撞击而形成的环形的凹坑。目前地球上发现的陨石坑大约有 200 多个，它们主要出现在人迹罕至的地区，有许多陨石坑还形成了湖泊。

小鲁和阿布总算松了口气。看来，即使拥有了太阳系中最优越的条件，地球能够繁衍出多姿多彩的生命也是一件非常了不起的事。

地球历经几十亿年的岁月，形成了起伏的山峦、蜿蜒的河流、陡峭的峡谷、洁白的冰川。不仅如此，它还孕育出了智慧生命——人类。宇宙中是否还存在第二个地球？那里是否也有和我们相似的生命？这些目前还不得而知。所以，保护好地球是我们当下最应该努力做到的，因为它是我们共同的家园。

地球并不是一开始就是适合生命生存的。直到 36 亿年前大气中才出现了氧气，直到 6.3 亿年前才诞生了生命。

? 思考

爱护地球，人人有责。你能想到哪些爱护地球的措施呢？呼吁身边的小伙伴一起爱护地球吧。

小实验

制作地球仪

按照下面的步骤，和爸爸妈妈一起制作一个小地球仪吧。

安全提示： 请由家长协助完成，使用尖锐工具、材料时注意安全

实验准备： 乒乓球 1 个，铁丝 1 根，钳子 1 个，锥子 1 个，彩笔

实验过程：

1.乒乓球表面画上地球图案；

2."地球"南北极位置分别用锥子扎一个小孔；

3.将铁丝从小孔中穿过，同时用钳子将底部的铁丝弯成底座的形状，地球仪就完成了。

我的地球仪做好了。

- 地球是目前宇宙中可以确认的适宜生命存在的唯一星球。
- 与太阳相距 1.5 亿千米使地球温度适宜，具有液态水。
- 地球的大气层和磁场保护地球生物免遭太阳辐射和太阳活动的危害。
- 地球有可能会被小行星等其他天体撞击，但是概率非常小。

当月亮揭开面纱

古人想象中的月宫

"明月几时有，把酒问青天。不知天上宫阙，今夕是何年。"肯博士对着月亮忘情地唱起了歌，这首歌是根据苏轼的词《水调歌头》改编的。

苏轼是宋代著名的文学家，可他也有疑惑难解的问题：天上的月亮是什么时候有的呢？到现在也不知过去了多少年，月宫里的今天又是什么日子呢？

"肯博士，你都唱了半个小时了，休息一会儿吧！"小鲁忍不住开口恳求，他和阿布被肯博士拉来做了听众，这会儿实在听不下去了，"不如你给我们讲讲，月亮到底是什么样的吧！"

肯博士这才意犹未尽地停了下来。他喝了口水，说道："月亮就是月球，古时候人们把它叫作太阴，和太阳相对，传说月亮上还有月宫，里面住着嫦娥，嫦娥被称为太阴星君。苏轼这几句词就是在询问和月宫相关的问题。可惜呀，这首词虽然美，但只是幻想，因为月亮上根本就没有月宫。"

月球是地球的卫星，别看它的直径只有地球的$\frac{1}{4}$，可它却是太阳系

中第五大的卫星。如果你想在月球上找到月宫和嫦娥，那可是痴心妄想了，那里一片荒芜，到处都是小天体撞击形成的撞击坑，表面还覆盖着厚厚的岩石和尘埃。

 **人类早已经知晓了月球的真面目。1969 年 7 月 21 日，美国"阿波罗 11 号"宇宙飞船在月球上成功着陆，宇航员尼尔·奥尔登·阿姆斯特朗踏上月球表面，成为"登月第一人"。**

听了这话，小鲁向阿布使了个眼色，两个人一左一右拉住了肯博士的胳膊，非要去月球看个究竟不可。于是，几分钟后他们一同踏上了飞往月球的旅程。

与地球相比，月球简直太小了，如果把地球比作一个水蜜桃，月球就只有桃核那么大。但是从地球上仰望星空，它却是众星拱绕的"白玉盘"，其他星球只和"白玉盘"里的豌豆差不多大小。这是因为月球与地球的距离只有 384000 千米，其他星球与地球的距离却是月球的成千上万倍，即

月球

地球

使比月球大得多，看上去也只是一个亮点，所谓近大远小就是这个道理吧。

阿布和小鲁清楚地看到，月球在以地球为中心不紧不慢地运动着。肯博士告诉他们："月球受到地球引力的影响，是按照一定的轨迹运行的，而且月球围绕地球转动一周所用的时间和它自转一周所用的时间几乎相同，都是大约27天，所以我们从地球上只能看到月球的一面，而它的另一面一直背对着我们。"

阿布发现，月球上有一大片黑斑，他不解地问道："这是什么呀？"

"那是月海。"肯博士顺着他指的方向看了看，回答说，"别看月海这名字很好听，实际上月海并不是海，甚至一滴水都没有，而是月球的岩浆活动形成的大片的平原。在月海之外的地形是海拔较高的高原，与昏暗发黑的月海相反，月球高原呈现出比较明亮的白色。在月海与高原上遍布着大大小小的陨石坑，比地球上的要多得多，它们也是被太空中的小行星等天体撞击形成的。"

意大利科学家伽利略第一次用望远镜看到了月球的表面，他误以为那些昏暗区域是月球上的汪洋大海，后来比利时博物学家朗格林诺斯做出了世界上第一幅月面整体图，并把暗的区域叫作"海"，于是便有了"月海"这个名字。

认识了真正的月球，小鲁和阿布终于心满意足，跟着肯博士返回了地球。

途中，小鲁忽然想起一件事，"月球是什么时候诞生的呢？"

肯博士告诉他："月

真实的月球

球在地球诞生之初就产生了，可以说它和地球相伴生存了大约 45 亿年的时间。不过，关于它是怎么诞生的，说法可就多了，最初的观点认为，太阳系形成时，月球和地球同时从坍缩太阳星云中形成，不过地球和月球的成分并不像来自同一个源头；后来有人认为月球实际上是在太阳系的某个角落形成的，只是在路过地球时被地球的引力俘获，成为地球的小跟班儿，但实际上地球的引力并不足以俘获月球；比较可靠的一种解释就是月球来源于一次惨烈的撞击事件——太阳系早期的一颗行星擦碰

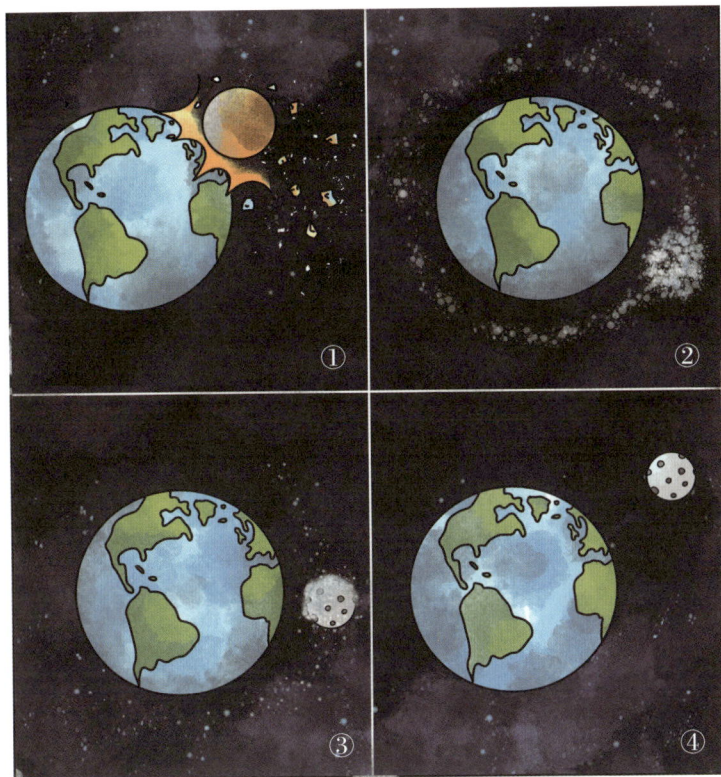

月球诞生过程

了地球，撞击产生的碎片在地球轨道附近重新聚拢，最终形成了月球。"

　　原来如此，小鲁和阿布点了点头，他们都觉得还是最后一种说法听起来最合理。这么说，月亮就像是地球的孩子呢。不知看着窗外明亮静谧的月亮，你是否也会觉得它更亲切了？

　　太阳系中只有太阳这颗恒星是发光的，月球并不会发光，我们看到的明亮的月光只是月球反射的太阳的光线。

思考

月亮还有哪些名字？月亮上究竟是什么样子的？

小实验

彗星撞地球

听了故事，你已经知道月球上四处都是陨石坑了。接下来做个小实验，来模拟一下当时的情景吧。

安全提示： 此实验需有家长陪同进行，实验中小心操作、避免面粉进入眼耳口鼻中

实验准备： 面粉，托盘，核桃

实验过程：

1. 将托盘放置在地上；

2. 将面粉倒入托盘铺平，面粉尽量厚一些；

3. 站直身体，手拿核桃，从高处松手，让核桃落入面粉盘中；

4. 可以用大小不同的核桃多次进行实验；

5. 面粉上留下大小不一的坑。

陨石降落月球表面了。

实验原理: 托盘中的面粉代表月球表面,核桃代表陨石。月球表面的图案就是陨石和它相撞时留下的。

肯博士说

- 月球围绕地球转动,公转和自转一周所用的时间几乎相同,都是大约 27 天。

- 月球表面的暗黑色斑是岩浆活动形成的平原——月海,月球表面比较明亮的白色部分是高原,在月海与高原上遍布着许多陨石坑。

- 月球形成的比较可靠的一种解释是太阳系早期的一颗行星擦碰了地球,撞击产生的碎片在地球轨道附近重新聚拢,最终形成了月球。

行星有趣的小跟班

天文概念
卫星

自从月球之旅结束后，阿布憋了一肚子的问题，一见到肯博士，他马上连珠炮一样问了起来："太阳系里，除了月球还有其他的卫星吗？它们叫什么名字？长得和月球相似吗？"

肯博士被他问得晕头转向，无可奈何地说道："别急，听我慢慢向你解释。"

他带着阿布来到实验室，打开 3D 投影仪，太阳系的画面在他们面前浮现了出来。

> 卫星有着千姿百态的外观，有的像月球一样近似球形，有的像一块坑坑洼洼的土豆，卫星虽然不像行星那样令人瞩目，但也有着丰富多彩的世界。

"太阳系中有近 200 颗卫星，且这个数字还在不断增长。不过这些卫星可不是平均分配的，有的行星拥有几十颗卫星，有的行星却一颗都没有。"肯博士说着指向了水星和金星，"就像这两颗行星，连一颗卫星都没有，真是有点儿可怜了。"

阿布被肯博士的话逗笑了："那太阳系中'富有'的行星又是谁呢"？

肯博士抬手指向了木星，它是太阳系中卫星较多的行星之一，可以算得上是个"大富翁"了。

我的脸会变化哦。

木卫一

提起木星的卫星，首先会想到的就是伽利略卫星，它们是意大利科学家伽利略在 1610 年首次发现的。伽利略卫星是木星的 4 个大型卫星，分别是木卫一、木卫二、木卫三、木卫四。这"四兄弟"长得一点儿也不像，非常好辨认。

"像鸡蛋饼一样黄黄的那个是木卫一，它是太阳系中火山活动最剧烈的天体，频繁的火山喷发使木卫一的表面不断变化着，一会儿满面通红，一会儿又黑黄交杂，所以我总是叫它'爱变脸的卫星'。"肯博士指着木卫一说。

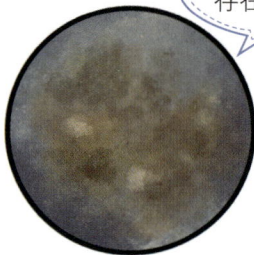

别看我小，我可能存在生命哦。

木卫二

木卫二的表面被一层冰覆盖，冰层的裂缝形成了纵横交错的条纹。因为表面没有火山或陨石坑等，所以木卫二看上去比其他卫星清秀得多。木卫二虽然是"四兄弟"中最小的一颗，但却最引人注目，因为冰层裂缝的存在意味着冰面之下很有可能有一片液态的海洋，甚至存在着生命，所以肯博士经常称它为"最有潜力的卫星"。

我是最大的。

木卫三

阿布也开窍了："木卫三在它们当中个子最大，我们就叫它'最大的卫星'吧。"肯博士点点头，这个名字很贴切，木卫三不但是"四兄弟"中最大的，即使在整个太阳系的卫星中，体积也排在第一名。不过这个大块头总是受伤，它的表面有冰层，上面有着大量的撞击痕迹和沟槽，除此之外，木卫三还有着明显的暗斑，上面也布满了陨石坑。

至于木卫四，别看它排行第四，看上去却很沧桑。木卫四主要由冰和岩石构成，它的表面都是非常古老的陨石坑，因为木卫四曾遭受过最猛烈的撞击，那些陨石坑都是经过长久的撞击形成的。

> 我身经百战，是最勇敢的。

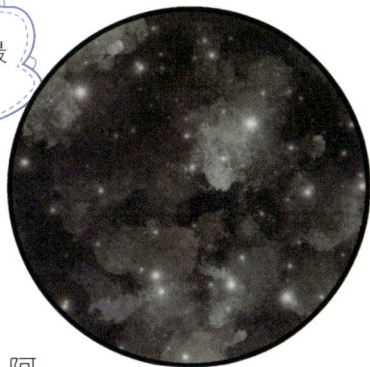

木卫四

"难怪它看上去一副饱经风霜的样子。"阿布同情地看了看木卫四。

除了木星，土星的卫星也很值得一看。肯博士带着阿布转到了土星这边。土星已经被发现的卫星有62颗，肯博士带着阿布看的是土卫六，它是太阳系中仅次于木卫三的第二大卫星。

土卫六最与众不同的地方是它具有浓密的大气层（甚至比地球的大气层还要浓厚）。土卫六的大气主要成分是氮气，此外还有大量的甲烷及其他有机物。因为土卫六的表面温度很低，大约 −180℃，气体甲烷便凝结成液体，根据探测发现，土卫六的表面存在液态甲

> 地球外部也有大气层。

烷形成的河流和湖泊，可以说土卫六是和地球最像的星球，既有大气层又有河流和湖泊。

"真可惜，土卫六上这么冷，不然说不定也会有生命呢。"阿布看着土卫六，心里非常惋惜。

"走吧，还有很多卫星等着我们去看呢。"肯博士见阿布有点儿不开心，连忙把他拉到了天王星旁，和木星、土星相比，天王星的卫星可就少多了。天王星已知的卫星有 27 颗，其中比较大的有 5 颗，分别是天卫一、天卫二、天卫三、天卫四、天卫五，它们基本上都是由冰和岩石组成的，和土卫六一样寒冷无比。

这一次，肯博士带阿布观测的是天卫五，它是天王星五大卫星中最小的一颗，但也是最特殊的一颗。天卫五的表面遍布着巨大的峡谷和裂纹，像刀疤一样触目惊心，科学家推断它很可能在过去遭受了灾难性的撞击，经过剧烈的活动和演化才变成现在有些"狰狞"的样子。

天卫五身上有很多伤疤呢！

　　在卫星家族里转了一大圈，阿布已经有些累了，可他还想再看一颗卫星。肯博士想了想，带着他来到了海王星最大的卫星——海卫一面前。海卫一的奇特之处有很多，首先，它围绕海王星运动的方向和其他卫星正相反，这让它显得别具一格。海卫一的表面主要由冰和岩石构成，它的表面温度低于 –200℃，是一颗冰冻的卫星。此外，海卫一还有着复杂的地形，既有绵延的山脊，也有蜿蜒的峡谷。海卫一还是太阳系少有的具有火山活动的天体，尽管这种火山是"冰"火山。最后不得不说的是海卫一的"喷泉"——太阳系的一大奇观，这是海卫一向太空中喷射的超低温的气体和尘埃，看上去就像一个巨大的喷泉。

这就是海卫一上的"冰"火山。

太阳系内有火山活动的天体屈指可数，目前只有金星、地球、木卫一和海卫一。

"哈哈哈，这简直就是一颗喷泉卫星嘛。"阿布开心极了，没想到卫星家族里居然有这么多不一样的成员。阿布把它们的特点一一记在了脑海里，明天他在班上可有新话题和同学们分享了。

思 考

卫星的形成原因大体相同，我们已探讨过月球的诞生，想一想，木卫一、土卫六等其他卫星是怎样诞生的呢？

小游戏

神秘的木卫二

地球上的海洋孕育了生命，木卫二与地球有类似环境，它的冰下海洋中是否也有未知的生物存在呢？请你发挥想象，将木卫二上的"外星人"或者"外星生物"画出来吧。

木星

木卫二

肯博士说

- 卫星是在固定轨道围绕行星运行的天体。

- 太阳系八大行星中水星和金星没有卫星，木星是目前太阳系中卫星较多的行星之一。

- 伽利略卫星是木星的四个大型卫星，其中木卫三是太阳系中最大的卫星。

把望远镜对准天空之后

时间：1609 年 12 月

地点：伽利略的实验室

时空穿梭机设置完毕，肯博士按下了启动按钮。

"这里就是伽利略先生的实验室吧。"一转眼，阿布、小鲁还有肯博士便来到了一个昏暗的房间，此时正是意大利的晚上。

"肯博士，你来得正好！"一个长着浓密胡子的中年人端着烛台走出来，他就是伽利略——阿布和小鲁崇拜的科学偶像，"我正在观测月球，并且有了一些新发现。"

在伽利略的带领下，他们来到了洒满月光的阳台，上面放着一架望远镜，这是历史上第一个观测到月球的望远镜。

"你们看夜空中的月球是多么的洁白无瑕，谁能想到它的表面其实有着大片的暗斑和密密麻麻的环形坑呢？"伽利略激动地说道。这是他第一次通过望远镜看到月球的真面目。

阿布和小鲁用伽利略的望远镜看到了 400 多年前的月球。

"真是了不起的发现，伽利略先生。"肯博士说道，"这之前从没有人观测过这么清晰的月球。"

"多亏您发明了望远镜，以后人们可以更好地观测天体了。"小鲁说道。

"小朋友，望远镜可不是我发明的，我只是改进了它。"

伽利略说，"第一架望远镜是一个荷兰的眼镜制造商在去年（1608年）发明的，听说两个小孩玩的时候，将两块透镜叠起来看远处教堂的风标，眼镜制造商看到后受到启发，发明了望远镜。"

望远镜是一种利用凹透镜和凸透镜观测遥远物体的光学仪器。最开始的望远镜中，目镜是凹透镜，靠近人眼，物镜是凸透镜，靠近被观测物体。伽利略是第一个把望远镜对准天空的人，他在原有望远镜的基础上进行改进，发明了用于观测天体的天文望远镜。

伽利略拿出一卷图纸，把观测到的月球表面在图纸上详细地绘制了下来。这是第一幅月球表面图，阿布和小鲁有幸亲眼看到了它的诞生。

伽利略在以后的时间里，每天用望远镜观测天穹，他看到了银河实际上是由密集的恒星组成的，他看到了土星的光环，他发现了木星的四颗卫星（伽利略卫星），他看到了太阳黑子并发现黑子在不断地运动。

告别伽利略，时空穿梭机把肯博士一行人带到了1613年，奥地利林茨。这次他们拜访的是伽利略的好朋友开普勒，他在当地的一所大学任教并做绘制地图的工作。

"伽利略的眼睛怎么样了？这几年

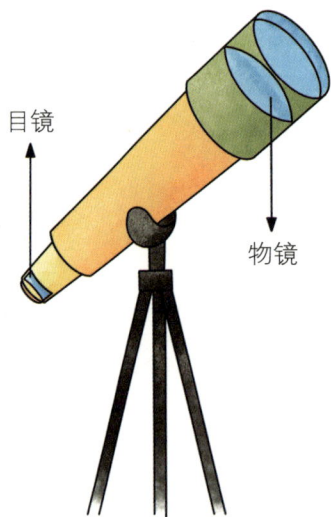

目镜

物镜

望远镜结构图

他总是用望远镜观测太阳，已经对眼睛造成了很大的伤害。"开普勒听说肯博士他们从伽利略那边过来，关心地问道。

"呃——他目前还不错。"肯博士答道，心想刚才跟伽利略告别的时候应该提醒他注意眼睛的保护。阿布和小鲁也为伽利略担心起来，那个时候的望远镜还没有保护眼睛的减光装置，观测太阳这样光线强烈的天体确实伤眼。

很多望远镜都带有减光装置，主要是放在目镜上的滤镜。它们可以使月亮、太阳和亮行星的光变得柔和。但是在汇聚的太阳光的加热作用下，它们很容易炸裂，所以即使有滤镜，也最好不要直接观察太阳。

给它戴上
"遮阳镜"
就不怕阳光了。

"我刚好设计出了一种新型望远镜,比伽利略的望远镜要实用得多。"开普勒热情地邀请大家来看他的新型望远镜,"伽利略的望远镜只是在普通望远镜的基础上增加了放大倍数,虽然能看到地球之外的天体,但是不能精确瞄准。"

这架新型望远镜果然和之前伽利略的不同,不仅观测的范围更广了,而且最明显的是,伽利略望远镜的物镜是凸透镜而目镜是凹透镜,看到的物体是正的,开普勒望远镜的物镜和目镜都是凸透镜,看到的物体是倒立的。此外,经过开普勒改进的望远镜还能测定微小的角度,方便观测天体时进行瞄准。

开普勒是德国天文学家,他发明的开普勒式望远镜后来被广泛应用于天文观测。

古代的天文学家真的太牛了!

阿布和小鲁像在伽利略家时一样,又用开普勒的望远镜观看了月球、木星等。他们一边看一边暗暗感叹:天文学家们能在这么短的时间内就发明、改造了天文望远镜真了不起!正因为如此,才使得今天的天文观测取得这样大的进步,让这么多的宇宙奥秘被人类揭晓啊。

为了不打扰开普勒进行科学研究,阿布他们很快便返回了现代。看到肯博士实验室里的那架又大又酷的天文望远镜,他们更加敬佩最早发明他们的

伽利略望远镜　　伽利略　　第谷

伽利略和开普勒了。

　　如果说第谷是裸眼观测时代最卓越的观测大师，对行星进行了长期而卓有成效的观测，那么他可能是那个时代的最后一人。因为伽利略对望远镜的改进迎来了望远镜时代的黎明。开普勒对伽利略的望远镜做了进一步改进后，真正的望远镜时代到来了。

　　第谷是丹麦的天文学家，近代天文学的奠基人。他所做的观测精度很高，为开普勒发现行星运行定律提供了重要的观测数据。我们肉眼可见月亮上有个著名的环形山就是以第谷来命名的。

思考

　　伽利略在图纸上画出了观测到的月球表面，你还记得月球表面是什么样子的吗？请你在纸上画一画。

小游戏

观测夜空

　　小朋友，你的家里有望远镜吗？和爸爸妈妈一起用它来观测夜空吧。

我的发现

_____

_____

_____

_____

_____

_____

_____

_____

_____

**肯博士说**

- 伽利略在传统望远镜的基础上进行改进，发明了可以观测天体的天文望远镜。

- 开普勒对伽利略的望远镜进行改进，发明了更便于天文观测的开普勒式望远镜。

- 伽利略第一次用望远镜观测到了月球并绘制了第一幅月球表面图。

被误会的 "扫把星"

天文概念
彗星

自从上次用时空穿梭机拜访了伽利略和开普勒，阿布也养成了每天在固定时间用望远镜观测天体的习惯，并且会把观测到的景象画下来，俨然成了一个小天文学家。

　　"这是什么？"小鲁指着阿布的画问道，"怎么还长着一条'尾巴'？"

　　"那是我昨天偶然看到的，听奶奶说那是一颗'扫把星'，它的出现是一种不好的预兆。"阿布回答道。

　　"阿布说得一半对，一半不对。"肯博士刚好回来，听到了他们的对话，"它确实是'扫把星'，这是我国古代的民间叫法，它的学名叫作彗星；不过，它的出现和吉凶并没有关系，是因为古代人们把它的出现和战争、灾荒等不好的事情联系起来，才有了这种说法。"

　　"彗星为什么会有一条尾巴呢？"阿布和小鲁不约而同地问道。彗星的尾巴过于招摇，任谁也无法忽视它的存在，并问出这样一个问题。

我画的是一颗彗星。

　　"这要从彗星的结构讲起。"肯博士的天文课又要开始了。

　　彗星的结构大致包括彗核、彗发和彗尾。彗核是彗星不规则的固体部分，直径很小，最多不超过 100 千米，却是彗星的主体。彗核的成分主要是水冰和尘埃，这使它看起来就像一个"脏雪球"。

　　彗星一般处于结冰的状态，除非它运行到太阳的附近。太阳的高温使彗核的水冰开始蒸发，挥发产生的气体和尘埃交杂在一起，形成了一

大片云团，这就是彗发。彗发的直径可达数十万千米，与彗发相比，彗核就显得微不足道了。

　　彗发在太阳风暴和太阳光压的作用下就形成了彗尾，彗星距离太阳越近，彗尾就越长。彗尾主要分为尘埃尾和离子尾两种，尘埃尾是分散而弯曲的黄色拖带，离子尾则是笔直而明亮的蓝色长尾。

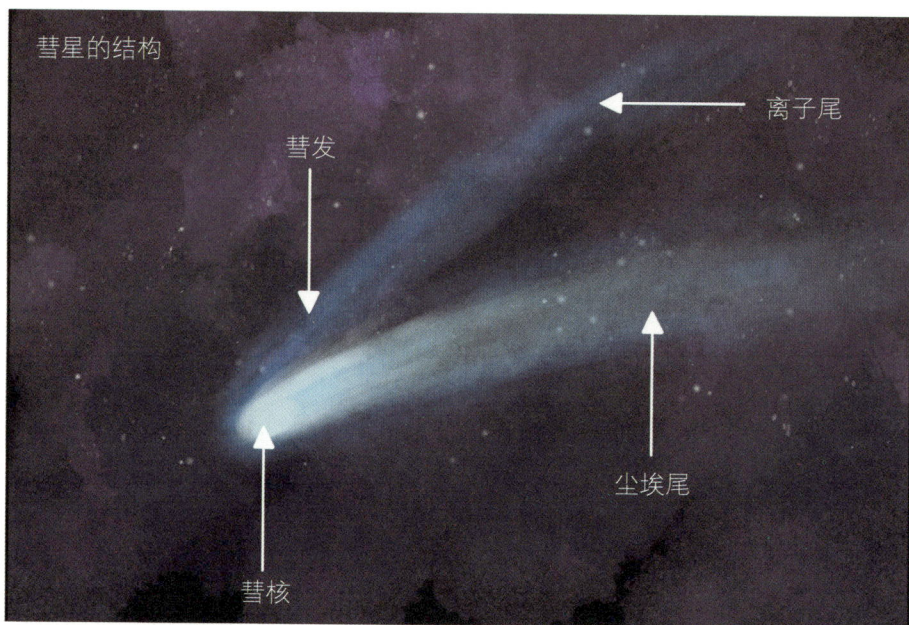

彗星的结构

离子尾

彗发

尘埃尾

彗核

阿布的画——彗星

　　尘埃尾主要由尘埃组成，形成原因与太阳辐射有关，当尘埃受到太阳辐射光线的压力，便向着远离太阳的方向发散出去，形成一条弧形，并因反射太阳光而呈现出黄色。 离子尾主要由气体组成，形成原因与太阳风暴有关。

　　"彗星也像行星一样按照固定的轨道绕太阳运行吗？为什么我们很少看到它们呢？"阿布又产生了新的疑问。

　　彗星的数量多到无法想象，环绕太阳运行的大约有十亿颗，它们的运行轨道是巨大的椭圆形，但运行范围大部分离太阳异常遥远，由于那里的温度比较低，彗星都是没有尾巴的"冰块"，只有靠近太阳时才会出现彗尾，也只有在这个时候我们才会看到它。因为绕太阳运行的彗星会按周期回归到太阳附近，所以被称为周期彗星。200年之内回归一次的是短周期彗星，超过200年回归一次的是长周期彗星。

　　自然也有一些非周期彗星，它们没有固定的绕日运行轨道，在偶然的机会中借助外力逃离了自己原来的轨道，进入离太阳较近的轨道，但是只掠过太阳一次就一去不返了。

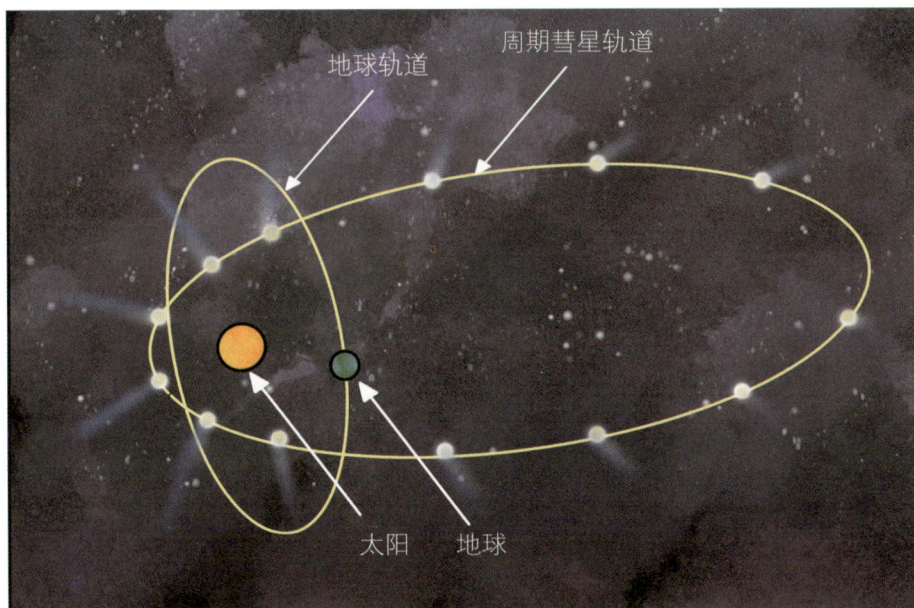

地球轨道　　　周期彗星轨道

太阳　　地球

彗星虽然不经常出现，古今中外却一直有它的传说。最著名的彗星莫过于哈雷发现的哈雷彗星，1066 年，恰逢哈雷彗星返回，这颗长尾巴、发着光的古怪天体被地球上的诺曼人看到了，他们把它当作上帝的预示：战争要来了。巧合的是，不久便发生了黑斯廷斯战役，诺曼人取得了胜利，征服了英国。为了纪念这次战役，诺曼统帅的妻子把哈雷彗星回归的景象绣在了一块挂毯上，后来哈雷彗星成为贝叶挂毯中的重要图纹。

> 这是一颗典型的短周期彗星，每隔 76 年会出现在我们的视野中一次。

贝叶挂毯创作于 11 世纪，其以亚麻布为底的绒尼刺绣品具有很高的历史价值，现藏于法国诺曼底大区巴约市博物馆。

很多短周期彗星会出现在地球上空，阿布昨天观测到彗星也并不意外，彗星的形态优美，特征明显，往往是天文爱好者们搜寻观测的重点。除著名的哈雷彗星外，1997 年被发现的海尔 – 波普彗星是近年来最亮的彗星，它的亮度足以让人们用肉眼直接观看。当然大多数的彗星还是要通过天文望远镜才能观测到。

"这样说来我们有很多机会看到彗星，甚至是 76 年一现的哈雷彗星。"小鲁高兴地说。

"有些人可能会看到两次哈雷彗星。"肯博士说道，"上一次哈雷

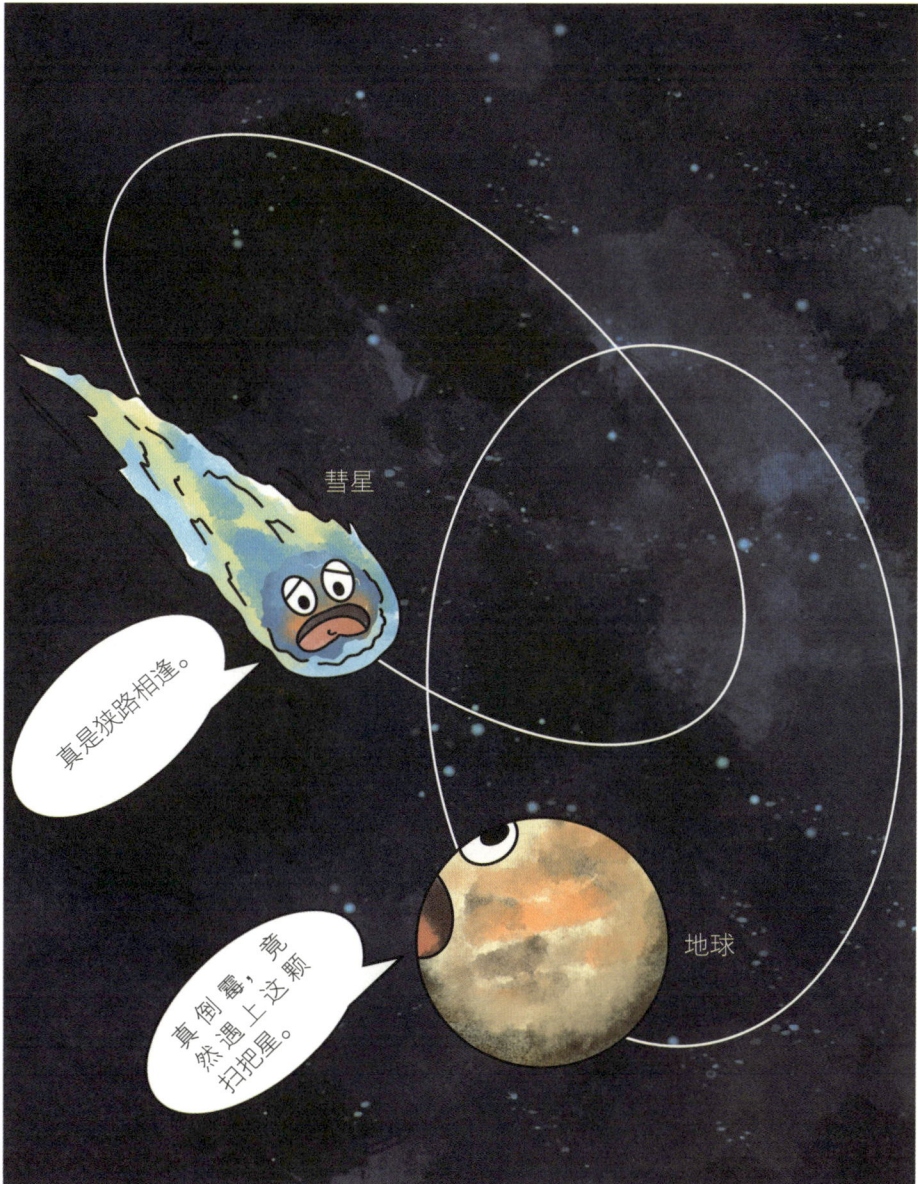

6500 万年前的"相遇"

彗星出现在 1986 年，正是你们的许多长辈出生的年代。"

　　别看彗星有着与众不同的美丽外表，它可一直被当作"危险分子"。因为彗星与行星运行的方向通常相反，当它运行到太阳附近时，有可能跟其他行星打个照面，而彗星的运行速度远远超过太阳系内的其他行星，因此，地球即便只是与彗星擦肩而过，也会受到重创。

　　不过，这样的概率太小了，真正给地球造成毁灭性打击的只有 6500万年前的那次彗星撞击。按宇宙天体生存的时间来说，这位地球的"不速之客"离开还没有多久，据猜测，很长时间内地球不会再重蹈恐龙灭绝的覆辙，我们也就不用担心会有彗星威胁地球和人类的安全。

彗星家族的"明星"

下面是几颗历史上著名的彗星，你能认清它们吗？请将它们与相应的名称连起来。

威斯特彗星 •   •

哈雷彗星 •   •

池谷－关彗星 •   •

海尔－波普彗星 •   •

肯博士说

- 彗星的结构包括彗核、彗发和彗尾。彗核是彗星的固体部分，主要由水冰和尘埃构成，彗核的水冰蒸发形成的云团就是彗发，彗发在太阳风暴和太阳辐射的压迫下就形成了彗尾。

- 彗尾主要分为尘埃尾和离子尾两种，尘埃尾是分散而弯曲的黄色拖带，离子尾则是笔直而明亮的蓝色长尾。

- 绕太阳运行的并按周期回归到太阳附近的彗星是周期彗星，没有固定的绕日运行轨道，只是偶尔掠过太阳的彗星是非周期彗星。

池谷－关彗星

海尔－波普彗星

威斯特彗星

哈雷彗星

小游戏答案

不起眼的小天体

肯博士独自做了一次太空旅行，不知中途发生了什么状况，返回地球时，飞船上到处坑坑洼洼的，看上去就像一颗特大号的土豆。

"肯博士，你的飞船怎么了？"小鲁和阿布看到眼前的一幕吃惊地问道。

肯博士瘫坐在椅子上，疲惫地回答："别提了，我的飞船遇到了小天体的袭击。"

"小天体是什么？竟然这么厉害！"小鲁惊讶地问，他的头脑中马上浮现出了电影中的外太空生物。

肯博士看穿了他的心思，"小天体不是外星生物，它们是太阳系重要的组成部分之一，别看它们不起眼，但是数量十分庞大，唉，我这次就是吃了这些小家伙的亏。"原来他的飞船是受到小天体的撞击才变成这副模样的。

根据轨道、所处的位置、组成以及大小等，小天体可以分成小行星、彗星和矮行星。它们真的有那么大的威力吗？

小行星正如它的名字一样，和行星很像，也会绕着太阳转动，但体积和质量却比行星小得多，从结构上看，小行星并不像石头一样是完整的一块，而是由大量的石块和尘埃松散地堆叠起来的"碎石堆"。

"有些自转比较快的小行星甚至在转动的过程中就自己解体了。"肯博士边说边模仿起小行星转动的样子。

"这么脆弱！"小鲁忍不住问道，"这些小行星难道是泥捏的吗？也太不结实了。"

肯博士哈哈大笑起来："当然不是了！多数小行星的主要成分是硅酸盐，部分小行星的主要成分是铁镍金属，这一类小行星落在地球上就变成了铁陨石。"

含有金属成分的小行星？怪不得肯博士的飞船被撞成了这副样子。小鲁和阿布看了看坑坑洼洼的飞船，心里暗暗替肯博士捏了一把汗。

不过小行星也并非一无是处。行星和卫星经历了复杂的演化，它们最初形成时的信息已经荡然无存，而小行星却仍然保留着太阳系最古老的记忆，成为我们了解太阳系历史的"活化石"。

比较大的小行星由于引力的作用，形状会近似球体，不过绝大多数小行星长得奇形怪状。小行星的表面一般而言都覆盖着一层"土壤"

和大量大小不一的石块。此外，小行星表面还有大量的陨石坑，不过我们看到的陨石坑很可能不是最初的，因为早期的陨石坑会被后来的陨石坑覆盖。

阿布突然想起来了："肯博士，我之前在书里看到过，在火星和木星之间有一条小行星带，那里分布着很多很多的小行星。"

太阳系中确实有这样的小行星带，可以说它们是小行星的聚集地，但是小行星的分布区域远不止小行星带。

> 按轨道来分类，小行星可以分为主带小行星、近地小行星、特洛伊小行星和半人马小行星。位于火星和木星之间的小行星带就是主带小行星，其中灶神星是主带小行星中最明亮的一颗。

近地小行星的轨道位于地球轨道附近，分为三个类群：位于地球轨道以外的阿坦型、和地球轨道相交的阿波罗型和位于地球轨道以内的阿莫尔型。这些小行星中的一些成员因为离地球较近，可能对地球存在威胁，甚至有小行星曾与地球擦肩而过。为了避免小行星与地球相撞，国际天

文组织成立了监视和预警机构，时刻监视与追踪这些危险分子。

此外，在木星绕着太阳运行的公转轨道上还有两个特洛伊小行星群，这是天文学家最先发现的特洛伊小行星，它们和木星在同一个轨道上绕着太阳运行。随后，土星、海王星的特洛伊小行星也相继被发现。

半人马小行星是一群不同寻常的小天体，它们主要分布在木星与海王星之间的广阔空间中。天文学家观测到半人马小行星中有一部分存在彗发结构，而它们的个头又明显大于彗星，对于这部分特殊的天体还无法判断它们属于小行星还是彗星。比较有名的半人马小行星有人龙星、飞龙星、女凯龙星等。半人马小行星的轨道并不稳定，它们最后的命运可能是被抛出太阳系。

听了这些，小鲁和阿布倒是有点儿同情这些小天体了。不过他们还有点儿好奇，刚刚除了小行星，肯博士还提到了矮行星，它们又是什么呢？

矮行星这个概念是 2006 年提出的，矮行星的大小介于行星和小行星之间，它的引力比小行星大，能够使它维持球体形状。矮行星和行星的主要区别是行星可以清除自己轨道上的其他天体，而矮行星却做不到。所以矮行星就是那些有足够大的引力和质量变成球体，但还没有大到足以在自己轨道上唯我独尊的那些

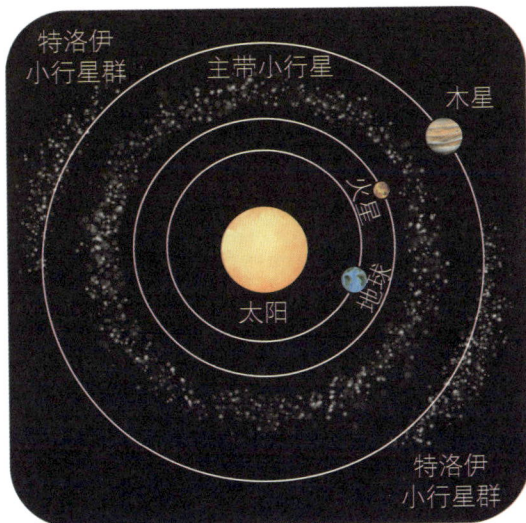

天体。其中谷神星是人类发现的第一颗也是体积最大的小行星，在 2006 年被归为矮行星。

除了谷神星在火星和木星之间的主带，目前我们观测到的矮行星基本都在柯伊伯带，它们都处在遥远阴冷的太阳系边缘。目前被明确定义为矮行星的五个天体分别是冥王星、阋神星、鸟神星、妊神星和谷神星。

"太阳系中的这些小天体有这么多，我们平时能看到它们吗？"小鲁问道。

"当然看不到啊，"阿布说道，"小行星和矮行星都那么小，反射的太阳光肯定特别少，而且它们大多距离地球很遥远。"

阿布说得没错，这些小天体一般都是十分暗淡的，在夜空中并不会出现它们的身影。但是如果用望远镜认真观测的话，也会发现一些离地球相对较近的小行星或彗星。

这真是一个有趣的挑战，小鲁和阿布决定再比一比，看看这个星期谁用望远镜先观测到太阳系中的小天体。

💡 思 考

小天体主要包括什么？小行星和行星有哪些区别？

小游戏

眼力大挑战

下面图中共有多处错误，请你把它们找出来，并说一说错在哪里。

肯博士说

- 小行星是绕太阳转动，体积和质量比行星小的天体。

- 矮行星是大小介于行星和小行星之间，引力比小行星大的球状天体，主要分布在柯伊伯带。

小游戏答案

81

向黑洞靠近

在宇宙中航行，最大的事故莫过于遇到黑洞——这个令航天员谈虎色变的奇特天体。尽管它很危险，但还是有人忍不住想去窥探它的秘密，在阿布和小鲁的百般恳求下，肯博士终于同意和他们一起去宇宙中寻找黑洞。

时空穿梭机在宇宙中航行了很长时间，路过了金星、火星等行星，遇见了飞速而过的彗星。

"肯博士，快想想办法啊！"小鲁有些着急了，"宇宙里一片昏暗，我们上哪儿去找一个黑乎乎的洞呢？"

"黑洞并不是黑色的，它甚至都不是一个洞。"肯博士说道，"你们对黑洞有很大的误解。"

黑洞实际上是这样的！

黑洞

还记得宇宙大爆炸发生的源头吗？就是那个奇点。黑洞其实也是一个奇点，只是这个奇点的产生是有原因的。当大于太阳质量 25 倍的恒星爆炸后，它的内核会坍缩成一个几乎看不见的点，这个点就是有着无限大的密度、无限高的温度和无限弯曲的时空的奇点。

"好像画面倒放一样呀！"阿布感到很神奇，"宇宙万物产生于奇点的爆炸，而黑洞的奇点则是恒星爆炸坍缩形成。"

没错，但宇宙大爆炸的奇点是整个宇宙，而黑洞的奇点只是宇宙的一部分。

虽然黑洞奇点的体积特别小，但是质量却特别大，最小的也是太阳质量的几十倍，而超大质量的黑洞则相当于几亿个太阳质量，这导致黑洞的引力异常强大。黑洞之所以"黑"就是因为它的引力强大到光都无法逃离它的吸引，落入视界内的一切（包括光）都会一去不复返，并且与视界外彻底失去了联系。许多人把黑洞视为吞噬一切的怪兽，即便没有见过它的真面目，听到它的名字也会胆战心惊。

> 黑洞的奇点是怎么形成的？

一个事件刚好能被观察到的那个时空界面称为视界。比如发生在黑洞里的事件不会被黑洞外的人看到，因此黑洞的边界就可以称为一个视界。

有肯博士在，想找到黑洞并不难，这时时空穿梭机已经驶出太阳系向银河系的中心飞去。

黑洞在宇宙中的数量没有我们想象中的那么少，超大质量的黑洞可能多达 1000 亿个。超大质量黑洞一般存在于星系的中央，银河系的中心就有一个超大质量的黑洞——人马座 A*。

在距离人马座 A* 还很远的时候，阿布他们就已经看到了它，能找到黑洞还多亏了包围着它高速旋转的吸积盘。恒星爆炸坍缩后，在黑洞的强大引力下，附近的尘埃、气体、恒星碎片围绕在黑洞周围形成了吸积盘。吸积盘发出璀璨的光芒，和中间的黑洞形成了鲜明的对比。吸积盘不仅能发光，还会发热，它的热量大到可以激发出强大的辐射。吸积盘就像黑洞的吸尘器，是黑洞吞噬物质的好帮手。

吸积盘在靠近黑洞的地方经常产生喷流。因为喷流在黑洞的视界之外，所以能够被看到。

时空穿梭机停在了人马座 A* 的吸积盘之外。一颗不知从哪儿飞来的小行星不小心落入了吸积盘，它沿着一条螺旋状的线路离黑洞越来越近，随后陷入了黑洞的暗黑"旋涡"。阿布和小鲁眼看着小行星越来越红、越来越长，像有一双手在用力拉扯着它的两端，要把它撕碎一样，可小行星一点儿反抗之力都没有，最终消失在黑洞中，看不见了。

"太可怕了，飞虫撞到蜘蛛网上还有可能挣脱，小行星撞到黑洞里，可是有去无回。"阿布感叹道，"黑洞的力量真是神秘莫测。"

小鲁的手心也捏了一把汗，真是触目惊心的一幕。他不禁想到，如果时空穿梭机靠近了黑洞，恐怕会和小行星一样的下场，自己和阿布、肯博士也避免不了被撕碎的命运。

肯博士驾驶时空穿梭机回到了实验室。远离了黑洞那个弯曲的时空，阿布和小鲁都松了一口气。这次寻找黑洞无疑是一次惊心动魄的宇宙之旅。

宇宙还有太多的奥秘等待我们去一一揭晓，它就是有这样的魅力，让人越了解越热爱，越想去探索它的更多精彩。

> 误闯黑洞的小行星真的消失了吗，它去了哪里？黑洞的视界之内又是什么样的呢？

涨知识

白洞和虫洞

物质被黑洞吸入后以什么样的形式存在呢？根据已知的黑洞，科学家提出了大胆的设想。

与黑洞相对应的，宇宙中存在白洞，黑洞吸入物质，而白洞"吐出"物质，黑洞和白洞是两个完全相反的时空。连接黑洞和白洞的是一条狭窄的通道——虫洞，它是沟通这两个时空的桥梁。被吸入黑洞的物质在黑洞的奇点处分解成粒子，然后经过虫洞，最后从白洞辐射出去。

这个设想让人们开始期待时间旅行，只要知道开启虫洞的方法，我们就可以穿梭于现在和未来。当然这只是人类的设想，要想实现时间旅行，首先要有虫洞才行。

时间旅行什么时候开始？

肯博士说

- 当大于太阳质量 25 倍的恒星爆炸后，它的内核会坍缩成一个几乎看不见的奇点，就是黑洞。

- 黑洞并不是黑色的，因为它的引力强大到光都无法逃离它的吸引，使视界内的黑洞无法被看到。

- 恒星爆炸坍缩后，在黑洞的强大引力下，附近的尘埃、气体、恒星碎片围绕在黑洞周围形成了高速运转的吸积盘。

- 超大质量黑洞一般存在于星系的中心，位于银河系中心的超大质量的黑洞是人马座 A*。

连起来的星星

星星

夜空中繁星点点，多得就像河滩上的沙砾，数也数不清。小鲁看着浩瀚的星空有些烦恼：这么多颗星星，我要怎么识别它们呢？

一旁的阿布说道："这有什么，星星并不是杂乱无章的，它们分别属于各自所处的星座。只要我们认识了这些星座，想要找到哪颗星星不就简单了？"

"阿布说得没错。"肯博士说道，"目前国际通行的星空划分中，全天被划为了 88 个星座"。

自古以来，人类便把三五成群的恒星与神话中的人物或器具联系起来。天文学上为了研究方便，把星空分为若干区域，每一个区域叫作一个星座。

88 个星座的名称大多数来源于希腊神话。

即使你认不清星座，或许也听说过这几颗有名的亮星：夜晚天空中最亮的星是天狼星，位于大犬座；次亮的是位于南方天空的老人星，位于船底座。位于半人马座的南门二也是南方天空中耀眼的亮星；此外位于牧夫座的大角，是春季星空中最闪亮的星；还有我们熟悉的织女星，它坐落在天琴座。

星座的划分和行政区划一样，当我们记住省会或大城市在地图上的位置时，就能知道它们所在省份的位置。相同的道理，记住亮星就能很快知道它所在的星座位置。

小鲁只认识一个星座，"我知道，那个就是小熊座。"

阿布不甘示弱地说："小熊座谁不认识呀，北极星就在'熊尾巴'的末端呢，特征太明显了。"

肯博士急忙为他俩打圆场："认识小熊座也不容易呀，虽然北极星的亮度不小，但是在城市中还是不太容易分辨。"

在我们居住的城市中，各种灯光、废气都会对观测星空造成干扰，如

果你想在这样的环境下捕捉到北极星的影子，那可是需要一点儿技巧的。

寻找北极星的方法主要有两种。第一种方法需要先找到北斗七星，北斗七星是大熊座中连起来像一把勺子的七颗星。找到北斗七星以后，沿着勺口前端两颗星的方向直线延长，当延长的距离为这两颗星距离的五倍时，所在的那颗星就是北极星。

第二种方法是先找到仙后座，它包含五颗较亮的星，构成一个显著的 W 形，把"W"向外的两条线延长相交于一点，连接这个点和"W"中间一颗星，并沿这条线段向开口方向延长，当延长到线段的五倍时，所在的那颗星就是北极星。

小鲁和阿布早就学会怎样寻找北极星了，他们一心想多了解一些星座的奥秘。看到他们这么好学，肯博士打心底感到高兴，他说道："星座的划分在过去经常用来导航和确定时间。随着科技的发展，我们现在有了更方便、更准确的导航和时间工具。但是识别星座仍然具有重要的意义。比如，在野外迷路时，我们可以利用星座来辨别所处的方位，北极星是最接近正北方的天体，我们利用北斗七星或仙后座找到北极星后，就能基本确定自己所处的方位了。"

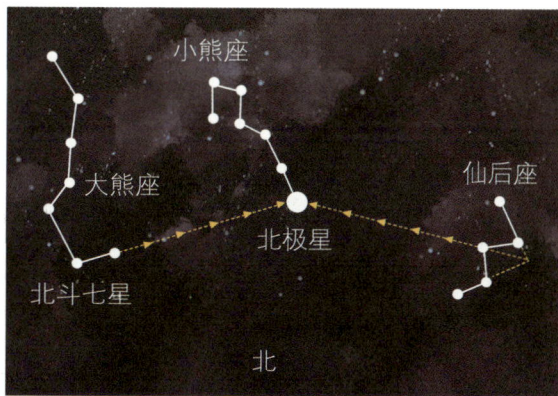

不过，想认清全天的星座可不是件容易的事，因为季节不同，星空也是不同的，一年四季的星空随着季节的更替而各有精彩。我们可以根

据北斗七星的斗柄方向来找到每个季节的星座。

好在肯博士的 3D 投影仪可以模拟出四季的星座，小鲁和阿布为此大饱眼福，在春夏秋冬的星空下来回穿梭着。

"接下来，就让北斗七星作为向导，带你们体验星空的变化吧。"肯博士说着，按下了按钮，投影上的北斗七星就像有了生命一般，指引着众人开始了探寻星座之旅。

当北斗七星的斗柄指向东方时，意味着春天的到来。春季星空中最显眼的明星是大角，沿着斗柄的延长线就能找到它。在大角的下方，也有一颗亮星，它是室女座的角宿一。从角宿一向上会发现一颗不是特别亮的星，与角宿一和大角构成近似的等边三角形，它是位于狮子座的五帝座一。角宿一、大角和五帝座一组成了春季大三角，是春季星空的标志。

当斗柄指向南方时，夏天就到来了。夏夜是仰望银河的最佳时机，此时银河横跨了整个天穹的南北。星空中最明显的莫过于夏季大三角，它由织女星、牛郎星和天津四组成。这三颗星非常显眼，银河中最明亮的两颗星就是天津四和牛郎星，织女星在这两颗星的北方。此外，在南方的天空中你会发现一颗颜色偏红的恒星，它就是心宿二，又名大火，它是天蝎座的"心脏"，在天蝎座的左侧是人马座，那里是银河最明亮的地方。

秋季星空中并没有太多明显的亮星，此时斗柄指向西方，比较显眼的是飞马座的四颗星构成的四边形，被称作"秋季四边形"，飞马座的旁边就是仙女座。

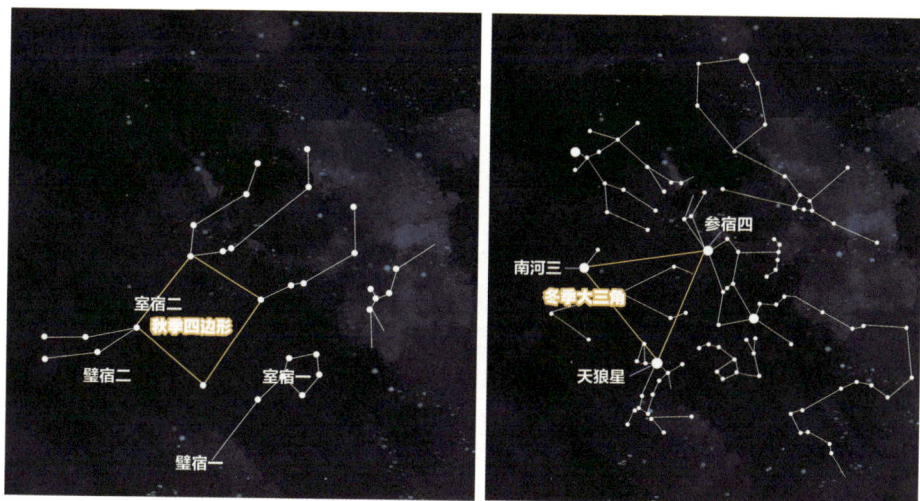

当斗柄回归北方时，塞北朔风吹来，冬天到了。此时银河变得十分暗淡，但冬季星空却聚集了最多的亮星。冬季星空的标志无疑是南方天空中的猎户座。在猎户座周围还环绕着金牛座、御夫座、双子座、小犬

座和大犬座等星座。猎户座中的参宿四、小犬座的南河三、大犬座的天狼星构成了冬季大三角。

　　当他们穿越过冬季的星空，头顶的影像慢慢消失，精彩的星座之旅就这样结束了。小鲁和阿布都感到有点儿意犹未尽。

我记住了狮子座、天蝎座，还有天鹅座！

我记住了秋季四边形和冬季大三角！

　　对于初识星座的人来说，能辨清一些常见的星座已经不简单了！肯博士高兴地奖励他们每人一张星图，帮助他们记忆星座的形状和组成。不过，他嘱咐说："认识星空不能只看图，最好的方法还是站在星空下，对照着星图去辨认各个星座。"

　　浩瀚的星空是多么神奇！相信过不了多久，你也可以在不同的季节里享受观赏星座的乐趣啦。

小游戏

美丽的12星座

下面是黄道12星座，你能把它们的名字标出来吗？

地球每年绕太阳转一圈，我们从地球上看好像太阳一年在天空中移动一圈，太阳这样移动的路线叫作黄道。在全天被划分的88个星座中，北天有29个星座，而南天有47个星座，剩下的12个星座就位于黄道。它们分别是双子座、巨蟹座、金牛座、白羊座、双鱼座、水瓶座（宝瓶座）、摩羯座、射手座（人马座）、天蝎座、天秤座、处女座（室女座）、狮子座。

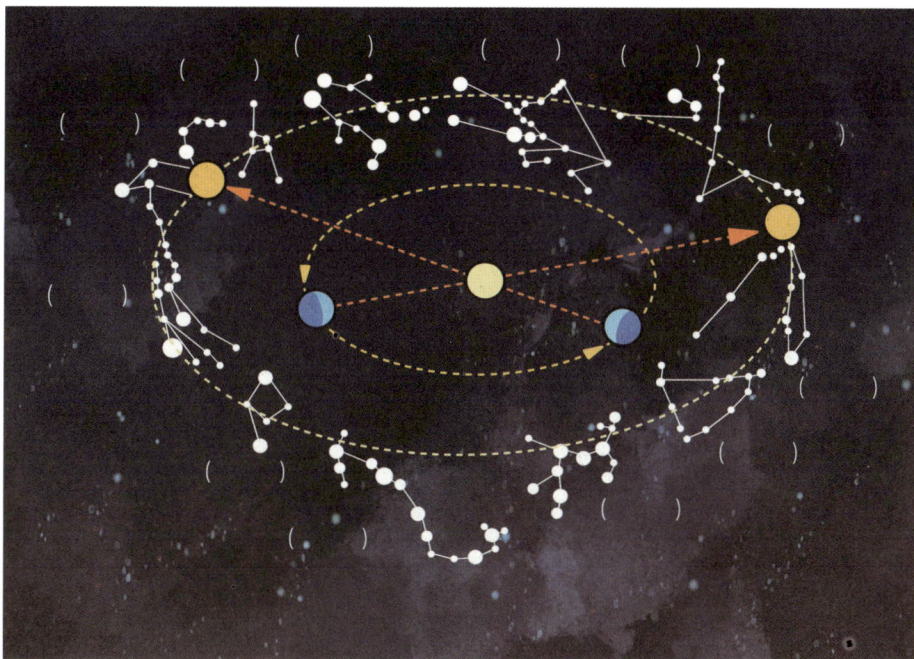

肯博士说

- 星座是天文学中为了方便研究划分的星空区域，每个星座代表一块特定的区域，现代天文学把星空共分为 88 个星座。

- 天狼星、老人星、南门二、大角、织女星和北极星是几颗重要的亮星，找到它们可以更好地帮助我们认识星座。

- 每个季节都有其标志性的星座，如春季大三角、夏季大三角、秋季四边形、冬季大三角。

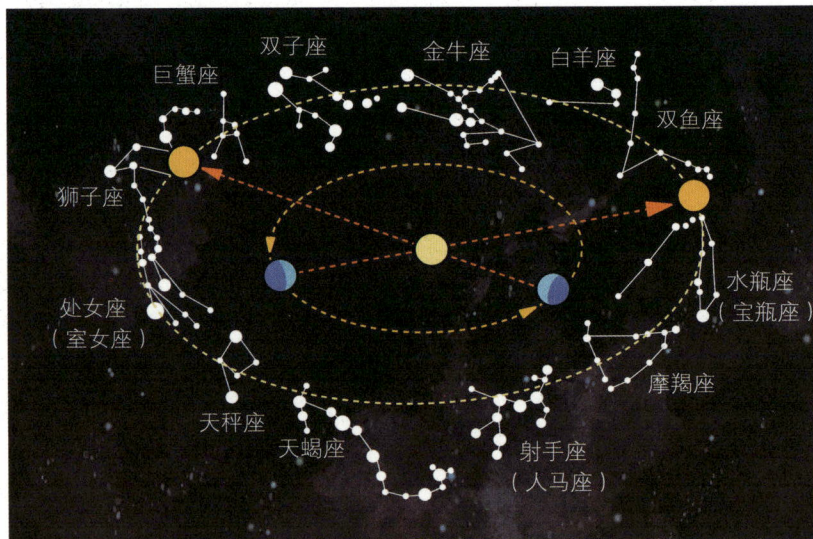

小游戏答案

哥白尼和日心说

　　这几天闲来无事，肯博士突发奇想，带着小鲁和阿布乘坐时空穿梭机，来到了公元 1500 年的波兰，说是要看一场精彩的好戏。

　　他们来到了一座教堂外，只见一群人聚集在这里，正叽叽喳喳争论不休。

　　"快走，听听他们在说什么。"好奇的小鲁拉起肯博士和阿布，一起挤进了人群。

　　"各位请看，地球位于宇宙的中心，而且是静止不动的。"一个穿着教士服的人站在人群中间，他指着一幅图，嘴里还在不停地向人们解说。

　　"所有的行星，不管是水星、金星，还是木星、土星，都和太阳、月球一样，是围绕地球转动的。"那个人又在每条圆形轨道上分别画了

一个比地球略小的星球，代表绕着地球运转的行星、太阳、月球。

人们发出阵阵赞叹声，肯博士却摇了摇头："这话错得离谱，居然还有这么多人信服！啧啧，这个时代真是愚昧啊。"

没想到，这话被人听见了，肯博士马上被推到了人群中间。身穿教士服的人愤怒地质问道："你是谁？竟然敢质疑亚里士多德和托勒密的地心说理论？"周围的人也纷纷凑了上去。

糟糕，肯博士又惹麻烦了。小鲁和阿布想去救他，可惜个子太小，反被挤出了人群。幸好肯博士放了一颗烟幕弹，大家这才侥幸摆脱了那群人。

混乱中，一个瘦瘦高高的年轻人拉住了他们，说道："走，我带你们去一个安全的地方。"

他们七拐八转来到一间实验室里，肯博士三人忽然惊喜地叫了起来，原来这位又高又瘦的年轻人正是大名鼎鼎的天文学家——哥白尼。

"哥白尼先生，多谢你救了我们。"肯博士向他道谢。

"没什么，你们维护科学真相的勇气很让我钦佩。"哥白尼用欣赏的口气说道，"那些人都是'地心说'的忠实拥护者，可实际上他们维护的是教会的权威。亚里士多德和托勒密的地心说被教会尊为至高无上的真理已经几百年了，人们都对此深信不疑。"

哥白尼从小就是个学霸，18岁的时候进入了古老的克拉科夫大学，随后又两次前往意大利求学。

地球是宇宙的中心并静止不动，水星、金星、火星、木星、土星五大行星各自在一个较小的"本轮"上匀速转动。

托勒密"地心说"体系

"哥白尼先生，您也发现地心说是错的，对吗？"阿布问道。

"是的，我很久之前就发现了托勒密地心说体系的漏洞，尽管人们不断对它进行修正，但无法改变实际的观测数据与这个体系的理论不符合的事实。"哥白尼从书柜里拿出厚厚的一沓稿纸，放在大家面前，上面密密麻麻地记录了他的观测数据和推论。

托密勒的地心说体系是公元 2 世纪古罗马天文学家托勒密在其著作《天文学大成》中提出的。

"我认为宇宙的中心是太阳，而不是地球，地球也不是静止不动的，

它和其他行星一起围绕着太阳转动，而月球则围绕着地球转动；与此同时，地球在绕太阳公转的时候本身也在自转，这才是日月星辰每日升起落下的原因。"哥白尼激动地说着。

"宇宙的中心不是太阳吧？"阿布小声地问肯博士，肯博士示意他不要说出来。

是呀，在现代看来，哥白尼的观点并不完全正确，比如，他认为宇宙的中心是太阳，但在当时，他研究得出的结论已经非常难得了，而且这些结论都是建立在哥白尼长期实际观测的基础上。明白了这一点的阿布和小鲁也对哥白尼敢于质疑权威的精神敬佩不已。

哥白尼建立的日心说理论有效地解释了托勒密体系所无法回答的问题。这个学说的提出就像一缕光照进了一间尘封多年的屋子，虽然存在

"日心说"是我提出的观点。

哥白尼

着种种问题，却代表了一个正确的方向，具有伟大的意义。

肯博士一行三人同哥白尼交谈了很久，小鲁和阿布也向哥白尼请教了不少天文方面的知识。

离别时，肯博士关心地嘱咐哥白尼："教会的惩罚是非常严厉的，你要小心啊。"

"我知道教会是不会容忍我的观点的，现在还不是公开这个发现的时候。"哥白尼无奈地低下了头，但很快他又坚定地说道，"不过我正在写一本书，这本书问世时，就是向世人揭示宇宙真相的时候。"

真是一位了不起的天文学家啊，在返回现代的路上，阿布忍不住向肯博士问道："后来哥白尼先生写了一本什么书呢？"

肯博士告诉他："这本书叫作《天体运行论》，不过直到 1543 年，也就是哥白尼临终之前这本书才得以出版。所幸，人们终于接受了'日

这本书怎么样？

比"地心说"强多了。

天体运行论

心说’，从此之后，不会再被‘地心说’误导了。"

看得出，不是所有的科学理论一经提出就会被人们接受，科学发展的历程也不是一帆风顺的。

瞧瞧这是什么？

"哥白尼可是我的偶像。"肯博士得意地翻开笔记本，上面是哥白尼的亲笔签名。

"太狡猾了，怎么不叫上我们！"小鲁和阿布羡慕得又蹦又叫。

"别急，"肯博士表情忽然认真了起来，"科学的发展建立在前行者开拓的基础上，更需要你们这些后来人的不懈努力啊。希望有一天，我的笔记本上也能有你们的签名。"

听了这话，小鲁和阿布也满怀期待，并暗下决心：未来的世界，我们一定会有更多的发现。

💡❓ 思 考

每一个时期科学家提出的理论都有它的错误之处，同时也有它的可取之处，这才推动了科学的进步和发展。"地心说"虽然被哥白尼证明是错的，但是也不是完全错误的，你能说说它有哪些正确的地方吗？

小游戏

日心说

哥白尼和肯博士正在讨论"日心说"，请你说说，"日心说"中有哪些错误？它们错在了哪里？

◆ 地球只是月球轨道的中心，并不是宇宙的中心；

◆ 所有天体都绕太阳运转，宇宙的中心在太阳附近；

◆ 地球到太阳的距离同天穹高度之比是微不足道的；

◆ 在天空中看到的任何运动，都是地球运动引起的。

观点错误的地方：

肯博士说

· 地心说：认为地球是宇宙的中心，是静止不动的，而其他的星球都环绕着地球而运行。

· 日心说：与"地心说"对立，认为太阳是宇宙的中心，地球等星球都围绕太阳转动，地球公转的同时也会自转。

古人是这样看宇宙的

天文概念

盖天说　浑天说
宣夜说　地圆说

阿布最近迷上了神话故事，《嫦娥奔月》《女娲补天》《牛郎织女》通通读了一遍。

"这些故事都是哄小孩子的吧。"小鲁拿起《嫦娥奔月》翻了几页，说道。

阿布不这样看，"虽然这些都是神话传说，但是从中可以看出宇宙在古人眼中的样子：寒冷空旷的月宫，会产生破洞需要女娲去'补'的天空，还有分隔于银河两岸的牛郎和织女……我猜，这是因为古时候的科学技术还很落后，所以古人对宇宙才会有很多的猜想吧。"

肯博士坐在阿布旁边，拿着《女娲补天》看得正开心，听了这话，说道："你可不要小看古人的聪明才智，尤其是他们强大的想象力。关于宇宙，他们构建了自己的一套理论，而且还会试着用所知道的一切去证明这些理论的正确。"

在古代，地球无疑是人们眼中的宇宙主体，他们的研究主要是围绕地球展开的，比如，天和地的关系、地球的形状、日月星辰和地球的运动关系等。

关于天地的结构，中国古代大致有三种学说，即盖天说、浑天说和宣夜说。盖天说起源于"天圆地方"的观念，认为大地是正方形的，天像一个巨大的伞盖盖在地的上面。但是天和地的边缘是怎样连接在一

盖天说

起的呢？为了解答这一问题，盖天说又提出天和地是不相接的，在地的边缘有八根柱子支撑着天，使它不至于塌下来。但是盖天说仍然对很多问题无法做出合理的解释，最终不得不让位于浑天说。

关于盖天说后来还有一种说法，地和天一样都是圆盖形的，地像一个倒扣的盘子，日月星辰围绕地运转。这种说法虽然也存在很多问题，但是比最初的盖天说进步很多，至少大地不再是正正方方的了。

浑天说对宇宙结构的设想是：天是一个鸡蛋壳似的大球，地是被包裹在蛋壳里的蛋黄，天围绕着地转动，日月星辰依附在"蛋壳"上，随着天的转动升起落下。这显然比盖天说更接近实际。但是大地是怎样稳居在天球里的呢？这个问题盖天说始终无法解答。

浑天说

对此，东汉的天文学家张衡认为，天和地都是浮在水上的。但这样就产生了一个问题：日月星辰绕地旋转时一定会没入水中，那么它们是怎样通过水中又升上来的呢？在古人看来，灿烂的日月星辰从水中通过后还能继续保持闪耀是不可想象的。在后来的发展中，一部分人提出了大地实际上是浮在气中的，这就回避了日月沉入水中的尴尬，但这种"气"又是怎样托起沉重的大地的呢？不

管怎么说，各种理论中，在对天文现象的解释上浑天说有着独特的优势。

第三种理论——宣夜说是一种没能得到充分发展的学说。这一理论认为天是静止的、无形的；天上的日月星辰悬浮于充满了气的虚空中，天体的一切运动都是气作用的结果。宣夜说并没有像浑天说那样产生巨大的影响。

"哈哈哈，我们的祖先想象力太丰富了。"小鲁想象着这三种学说描述的画面，忍不住笑了起来。

肯博士也笑了："古人探索宇宙的兴趣可是很浓厚的，当我们的祖先忙于猜想日月星辰运行的最佳答案时，在遥远的西方，另一种对天空和宇宙的描述正在发展。古希腊人用他们卓越的几何学知识对他们心中的宇宙作出了精妙的描述，他们的一些方法被后世继承，对现代天文学早期的发展产生了不小的影响呢。"

古希腊有一个著名的学派，叫作毕达哥拉斯学派，就是它们最先提出了地圆说。

或许古希腊人是世界上最先认识到地球是球状的，一方面是因为古希腊人丰富的航海经验和充足的天文观测数据，另一方面则与古希腊人的美学观念有着重要的联系。

什么是地圆说呢？毕达哥拉斯学派认为，在平面几何中圆是最完美、最和谐的图形，在立体空间中球也是最完美、最和谐的。而宇宙和其中的一切都应该是完美的，并且按照完美的方式去运动。因此大地应该是

球状的，这样才能处于和谐的宇宙之中。

"看来这个学派还奉行完美主义呢。"阿布忍不住说道。

当然，除了美学解释，很多实际的现象也表明大地并不是平坦的，比如远航的船只在进入我们的视野时总是像从水平线下方"升起"那样，先看到桅杆再看到船身。这些现象有力地支持了地圆说。

除了指出大地是球状的，古希腊的天文学家们甚至找到了测量地球大小的方法，埃拉托色尼就算出了地球的周长为 39250 千米，非常接近地球实际的周长 40075.7 千米，这在两千多年前是一个非常了不起的成就。

埃拉托色尼是古希腊卓越的学者之一，他的工作涵盖了当时的大多数学科，在地理学和天文学方面最为突出。他最为著名的事迹就是计算出了地球的周长。

"古希腊人可真聪明。"阿布称赞道。在古代能够将认识地球做到这种程度可是一件了不起的事。

在认识到地球是球状的之后，天空与天空中的日月星辰是什么样的，又是怎么运动的这一系列问题就摆在了古希腊学者们的面前。按照他们的审美观念，日月星辰肯定是球状的，而且肯定沿着圆形轨迹做匀速运动。此外，古希腊学者很早就发现大多数星星彼此之间的相对位置是恒定不变的，所以他们认为这些"恒星"镶嵌在一个叫作"恒星天"的球面上，日月和其他行星位于恒星天和地球之间的球层，并绕地球运动。

说到这里，肯博士突然在纸上画了起来："你们看，这个就是古希腊科学家阿波罗尼的研究成果，他用圆形轨道代替了球层，将轨道分为'均轮'和'本轮'，均轮是以地球为中心的大圆，本轮是圆心位于均轮上的小圆，行星在本轮上运动，而本轮绕地球运动。"

> 阿波罗尼是古希腊有名的科学家，他在数学领域做出了卓越的贡献，为后来天文学家进行行星的轨道研究奠定了数学基础。

托勒密最终完善了这一理论，他得出的结论是：地球位于宇宙的中心，始终是静止的；恒星"镶嵌"在最外层的恒星天上，每天绕地球转动一周；太阳直接在均轮上绕地球转动，月亮和其他行星在本轮上运动。他勾勒出的是一幅由一系列大小不同的圆层层堆叠、环环相扣的复杂体——托勒密体系。

"这就是之前哥白尼反对的'地心说'吧？"小鲁突然想起拜访哥白尼的时候

曾听到过这个学说。

肯博士感慨地说："没错，在今天看来，这一理论显然严重偏离了事实。但是无论如何，这是人类在时代条件限制下认识和理解宇宙的努力尝试，集成了那个时代最先进的数学与天文知识，在当时可是了不起的突破啊。"

💡 思 考

古人是怎样看宇宙的？你觉得哪种说法最接近现代的观点，为什么？

🔴 小游戏

妙趣横生的神话传说

小朋友，你一定听过不少神话故事吧？读一读下面这段神话，想一想它是以哪种学说为依据的，请把它圈出来。

《共工触山》节选：从前，共工与颛顼（zhuān xū）争夺帝位，失败了，于是共工发怒用头去撞不周山，支撑天的柱子折了，系

挂地的绳子断了。天向西北方向倾斜，所以太阳、月亮、星星都朝西北方移动；地的东南角陷塌了，所以江湖流水都朝东南方向流去。

| 浑天说 | 宣夜说 | 盖天说 | 地圆说 |

肯博士说

- 盖天说：起源于"天圆地方"的观念，认为大地是正方形的，天像一个巨大的伞盖盖在地的上面。

- 浑天说：认为天是一个鸡蛋壳似的大球，地是被包裹在蛋壳里的蛋黄，天围绕着地转动，日月星辰依附在"蛋壳"上，随着天的转动升起落下，天和地都浮在水上。

- 宣夜说：认为天是静止的、无形的，天上的日月星辰悬浮于充满了气的虚空中，天体的一切运动都是气作用的结果。

- 地圆说：认为地是球状的，星星都镶嵌在一个叫作"恒星天"的球面上，日月和其他行星位于恒星天和地球之间的圆形轨道上绕地球运动。

| 浑天说 | 宣夜说 | 盖天说 | 地圆说 |

小游戏答案

回到古代
看星星

天文概念

圭表 浑仪 简仪

　　"肯博士，今晚你和阿布还到我家来观星吧。"小鲁擦拭着他心爱的天文望远镜，向肯博士提出了邀请。

　　肯博士却有别的打算，"总去你家打扰多不礼貌，不如，我们去天文台转转吧！"

　　这个提议不错，小鲁和阿布痛快地点头答应了。没想到，肯博士竟然带着他们来到了元代。

　　"你们一定没见过古人是怎样观测天文现象的吧！"肯博士得意地说，"这里是古代观星台，是古人为测量日影和观测天象而专门建造的，说不定我们在这里会有意外的收获呢。"

　　话音未落，就听见有人在他们身后怒喝："你们是什么人？在这里干什么？"

　　三人吓得连忙转身，肯博士看了看这个人，突然笑了起来："太巧了，这位就是元代著名的天文学家郭守敬郭太史。"

郭守敬

　　郭守敬是元代著名的天文学家，制定了当时世界上最先进的历法《授时历》，在天文领域做出了不朽的贡献。月球上的一座环形山就是以他的名字命名的。

　　得知肯博士三个人是从遥远的时代特意来这里观摩的，郭守敬马上消除了疑虑，和他们开心地攀谈了起来。

"郭太史，你手里这张纸是什么呀？"小鲁指着郭守敬手里一卷图纸模样的东西问道。

"这个嘛，是今天圭（guī）表的观测记录。"郭守敬举着手里的图纸给他们看。

阿布问道："圭表是一种天文仪器吗？你们在用它观测什么呢？"

"没错，圭表是一种很古老的天文仪器，它的构成非常简单。请跟我来。"郭守敬把大家带到一片宽阔的地方，地上横放着一根长长的石板，在它的一头耸立着一根与它垂直的石柱。

"这地上的就是圭表了。"郭守敬介绍道，"直立的石柱是表，水平放置的石板是圭，它们一起组成了圭表。圭上面标有刻度，就像一把巨大的尺子。"

阳光

S　　　　　　　　N

圭的一头是伸向正北方的，当正午的时候，太阳在天空中的正南方，此时物体的影子都朝向正北方，所以表的投影也刚好投在圭上。这时候，观测的人就会把表的影子在圭上的刻度记录下来。

按照这种方法不间断地记

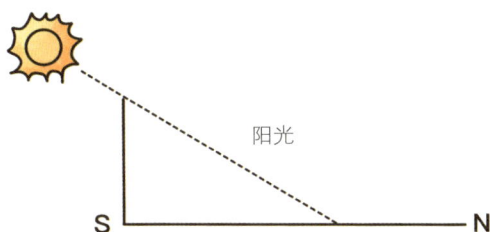

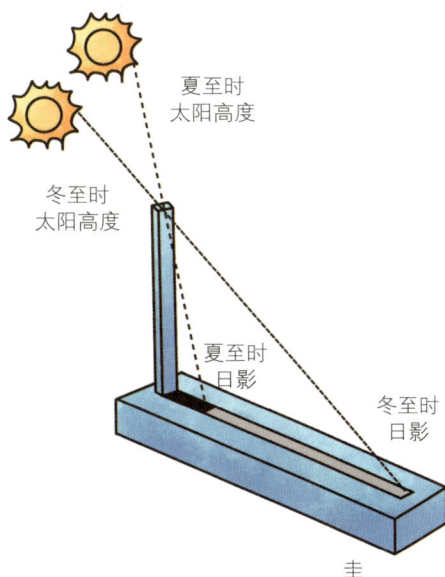

夏至时
太阳高度

冬至时
太阳高度

夏至时
日影

冬至时
日影

圭

录一年中表的影长的变化，就能得出表影最短的一天是夏至，这一天白天最长、黑夜最短，而表影最长的一天便是冬至，这一天白天最短、黑夜最长。当出现两次表影最长的时候，就说明时间过去了一年，再数一数记录的天数，就会发现一年有 365 天。

小鲁和阿布很快就学会了，"哈哈哈，圭表的使用真简单。"

利用圭表制定历法可远没有这么简单，因为地球是一个球体，大地是弧形的，所以正午时候，不同纬度太阳下物体的影长也是不同的，为了让观测数据更加准确充分，元代当时的统治者接受郭守敬的建议，在全国二十多处地方都进行了长期稳定的天文观测。此外，通过测量不同地区的正午影长还能大致对自己的位置进行定位。

制定精确的历法还需要对星象运动进行准确的观测，圭表已经无法再提高历法的精确度，这时一种可以观测星体坐标的仪器——浑仪就派上了用场。

浑仪

浑仪是在浑天说的理论基础上制造的，它的出现可以追溯到先秦时代，汉晋时代发展成熟，在唐代达到了非常完善的地步。

小鲁和阿布听了，都吵着要去看浑仪。于是，郭守敬带领阿布、小鲁，还有肯博士来到了放浑仪的地方。

浑仪有很多圆环相套，为了方便理解，我们可以把浑仪分为三层。最外一层是六合仪，由地平环、子午环和外赤道环组成，六合仪是与浑

时代不同，浑仪的环数也不同。

浑仪

仪的基座固定在一起的外框；中间一层是三辰仪，由白道环、黄道环和内赤道环组成。这三个环固定在一起，可以绕六合仪的极轴转动；最内一层是四游仪，由赤经环、极轴和窥管组成，窥管可以在赤经环内转动，而赤经环可以绕极轴转动。

在浑仪层层相套的环上都有刻度，通过将窥管指向目标天体，读出此时环上对应的刻度，就可以找出这个天体的坐标。

"真漂亮呀！"小鲁和阿布一齐赞叹道。

"浑仪的结构太过繁杂，在制造和使用方面都很不方便，而且层层叠叠的环也给观测带来很多麻烦。"郭守敬严肃地说道，"历代不少人对浑仪进行了优化改革，我也在一直想办法，力求把它变得简单一点儿，

更好用一点儿。"

返回现代的路上，小鲁和阿布还在兴致勃勃地讨论着中国古代的这些天文仪器。

"我猜后来郭太史一定把浑仪改进得更简单好用了。"阿布信心满满地说。这次时空之旅让他心中又多了一位崇拜的天文学家。

肯博士微笑着点了点头："后来，郭守敬制造出了简仪，他在原来浑仪的基础上取消了四游仪，然后将地平装置与赤道装置拆开分别进行观测，在制造和操作上也很方便。"

简仪可以说是中国古代天文仪器发展的高峰，是领先世界的一项技术，直到三百多年后，丹麦天文学家第谷才发明了类似的装置。

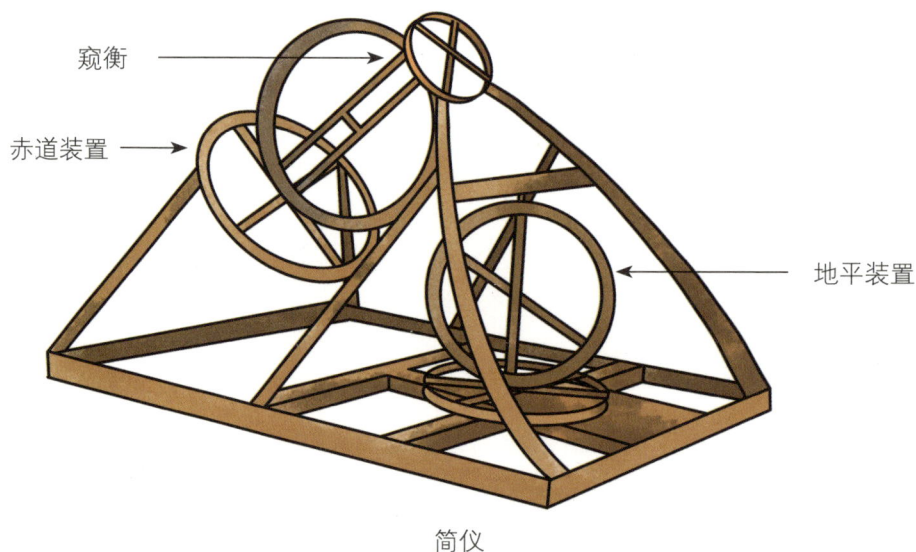

窥衡

赤道装置

地平装置

简仪

思 考

古代天文台都有哪些天文仪器？它们分别是用来做什么的？

小实验

制作圭表

我们知道圭表的构成非常简单，你能根据所学的知识制作一个圭表吗？如果你有足够的耐心，不妨每天正午时测量表的影长，连续测量一年后看看会有什么发现。

实验准备：刻度尺 1 把，小木条（或铅笔）1 根，胶水 1 瓶

实验过程：

1. 把刻度尺沿南北方向水平放置，可以用胶水固定好位置；

2. 用胶水把小木条或铅笔粘在刻度尺的 0 刻度处，与刻度尺垂直。

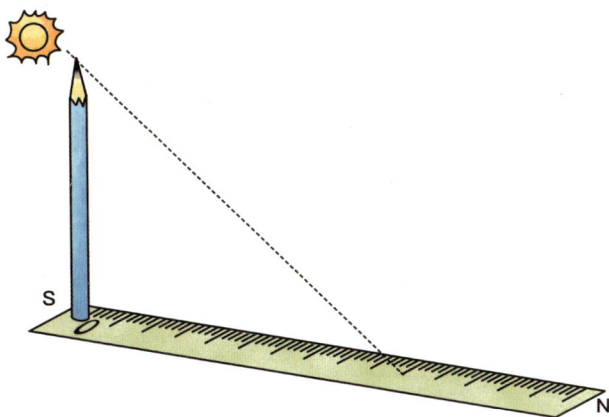

肯博士说

- 圭表：古代测定节气和一年时间长短的天文仪器，南北向直立的石柱是表，水平放置的石板是圭。

- 浑仪：观测星象运动和星体坐标的天文仪器，从外向内分为六合仪、三辰仪、四游仪三层。

- 简仪：元代郭守敬制造的天文仪器，在原来浑仪的基础上取消了四游仪，将地平装置与赤道装置拆开分别进行观测。

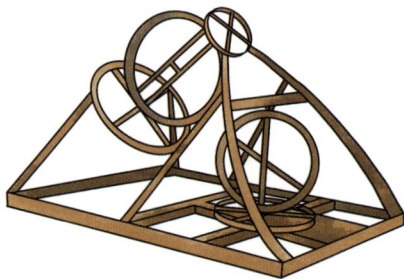